Ultrapräzisionszerspanung von Hartmetall mit monokristallinen Diamantwerkzeugen

Ultra-precision Machining of Tungsten Carbide with Mono-Crystalline Diamond Tools

Von der Fakultät für Maschinenwesen
der Rheinisch-Westfälischen Technischen Hochschule Aachen
zur Erlangung des akademischen Grades eines
Doktors der Ingenieurwissenschaften
genehmigte Dissertation

vorgelegt von

Marius Philipp Doetz

Berichter:

Univ.-Prof. Dr.-Ing. Dr.-Ing. E. h. Dr. h. c. Dr. h. c. Fritz Klocke
Univ.-Prof. Dr.-Ing. Thomas Bergs

Tag der mündlichen Prüfung: 25. April 2019

ERGEBNISSE AUS DER PRODUKTIONSTECHNIK

Marius Doetz

Ultrapräzisionszerspanung von Hartmetall mit monokristallinen Diamantwerkzeugen

Herausgeber:
Prof. Dr.-Ing. T. Bergs
Prof. Dr.-Ing. Dipl.-Wirt. Ing. G. Schuh
Prof. Dr.-Ing. C. Brecher
Prof. Dr.-Ing. R. H. Schmitt

Band 21/2019

WZL | RWTH AACHEN UNIVERSITY

Fraunhofer IPT

Bibliografische Information der Deutschen Nationalbibliothek
Die Deutsche Nationalbibliothek verzeichnet diese Publikation in der Deutschen Nationalbibliografie; detaillierte bibliografische Daten sind im Internet über https://portal.dnb.de abrufbar.

Marius Doetz:

Ultrapräzisionszerspanung von Hartmetall mit monokristallinen Diamantwerkzeugen

1. Auflage, 2019

Gedruckt auf holz- und säurefreiem Papier, 100% chlorfrei gebleicht.

Apprimus Verlag, Aachen, 2019
Wissenschaftsverlag des Instituts für Industriekommunikation und Fachmedien an der RWTH Aachen
Steinbachstr. 25, 52074 Aachen
Internet: www.apprimus-verlag.de, E-Mail: info@apprimus-verlag.de

Druck: KN Digital Printforce GmbH, Stuttgart

ISBN 978-3-86359-733-7

D 82 (Diss. RWTH Aachen University, 2019)

Vorwort und Danksagung

Preamble and Acknowledgment

Die vorliegende Dissertation entstand während meiner Tätigkeit als wissenschaftlicher Mitarbeiter am Fraunhofer-Institut für Produktionstechnologie IPT in Aachen. All denjenigen, die mich bei der Erstellung dieser Arbeit unterstützt haben, möchte ich meinen herzlichsten Dank aussprechen.

Mein erster Dank gebührt Herrn Professor Fritz Klocke für die Betreuung dieser Arbeit und die konstruktiven Anmerkungen und Diskussionen während der Entstehung. Weiter danke ich Herrn Professor Bergs für die Übernahme des Korreferates, sowie Herrn Professor Jeschke für den Vorsitz und Herrn Professor Kneer für den Beisitz während meiner mündlichen Prüfung.

Weiter danke ich den zahlreichen Kollegen und Mitarbeitern des Fraunhofer IPT für die tatkräftige Unterstützung und das kollegiale und angenehme Arbeitsklima. Besondern möchte ich Thomas Bletek für die zahlreichen Diskussionen im gemeinsamen Büro, Achim Fourné und Peter Voncken für die Betreuung der Versuchsmaschine bzw. der Messsysteme, Dr. Olaf Dambon für seine Tätigkeit als Abteilungsleiter, Martina Vizcay Rodrigues und Thomas Lang für die Probenpräparation und mikroskopischen Aufnahmen, Reinhard Charlier, Udo Huppertz und dem gesamten Team der Werkstatt für die Flexibilität bei Fertigungsaufgaben, sowie der gesamten Feinbearbeitung & Optik- Abteilung für die alltägliche Unterstützung danken.

Des Weiteren freu ich mich sehr über den unermüdlichen Einsatz bei Durchführung, Auswertung und Dokumentation der Versuche, bei denen sich meine studentischen Hilfskräfte Suzana Ostojic und Paul Mikolajczyk, sowie meiner Praktikantin Ji Eun Lee, tatkräftig eingesetzt haben.

Meine ganz besondere Anerkennung gilt Dr. Oliver Fähnle für seine stets wohlwollende und unterstützende Art bei unzähligen Diskussionen und für die äußerst hilfreichen Hinweise und Ideen.

Außerdem danke ich meiner gesamten Familie von ganzem Herzen, da sie mir diese Ausbildung ermöglicht und mich immer unterstützt und gefördert haben.

Darüber hinaus danke ich meiner Freundin Nadine für die notwendigen Freiräume und ihre Unterstützung.

Durch diese Unterstützungen unterschiedlichster Art habe ich die Kraft und das Durchhaltevermögen gefunden, diese vorliegende Arbeit erfolgreich vollenden zu können.

Vielen Dank!

Marius Doetz — Aachen, Mai 2019

Kurzzusammenfassung

Bei der Herstellung von Oberflächen mit optischen Eigenschaften in sprödharten Materialien ist ein duktiler Zerspanmechanismus unabdingbar. Dazu sind bei der Ultrapräzisionszerspanung mit monokristallinen Diamantwerkzeugen zwei Grundvoraussetzungen einzuhalten: Zum einen muss eine Druckspannung in die Zerspanzone induziert werden und zum anderen darf die Spanungsdicke einen materialspezifischen kritischen Wert nicht überschreiten. Die Einbringung einer Druckspannung in die Zerspanzone kann durch Werkzeuge mit einem negativen Spanwinkel mit geringem technischen Aufwand realisiert werden. Für eine weitere Prozessauslegung ist daher vor allem die kritische Spanungsdicke ausschlaggebend.

Der erste Teil dieser Arbeit setzt sich daher mit den Einflüssen auf die kritische Spanungsdicke auseinander und untersucht diese bei der Zerspanung von WC-Co Hartmetallen mittels Hobelversuchen analog zum Einkornritzversuch. Als Eingangsgrößen dienten die Schnittgeschwindigkeit, die Werkzeugeigenschaften Schneideckenradius und Spanwinkel, die Prozessmodifikation der Ultraschallunterstützung sowie der eingesetzte Kühlschmierstoff. Auf Basis aller empirisch gesammelten Daten wurde ein Berechnungsmodell zur Vorhersage des Übergangspunktes von duktilem zu sprödhartem Materialverhalten aufgestellt und validiert. Als Versuchswerkstoff diente lediglich das Nanokorn-Hartmetall CTN01L, da die anderen Hartmetalle durch ihren höheren Kobaltbinderanteil und die daraus abgeleiteten metallähnlichen Eigenschaften kritische Spanungsdicken von zweistelligen µ-Metern besitzen und diese bei der Zerspanung mit Diamantwerkzeugen aufgrund der fragilen Schneidkanten nicht erreicht werden können. Insgesamt zeigten die Untersuchungen einen deutlichen Unterschied zwischen den empirischen Daten und dem theoretischen Wert, der sich nach der Formel nach BIFANO errechnen lässt.

Weiter erfolgten Untersuchungen zum Einfluss der Eingangsgrößen auf die in den Nuten erzeugte Rauheit. Es konnte dabei gezeigt werden, dass trotz eines durchgehend duktilen Abtrags vor allem der eingesetzte Kühlschmierstoff, der Schneideckenradius, die Ultraschallunterstützung und die Schnitttiefe einen Einfluss auf die Rauheit haben. Dabei nimmt die messbare Rauheit mit steigender Zustellung zu. Auch diese empirischen Daten bildeten die Grundlage eines Berechnungsmodells.

Anschließend wurden die Ergebnisse aus den Hobelversuchen auf das Drehen mit monokristallinen Diamantwerkzeugen angewendet. Im Fokus lagen dabei die Untersuchungen zum Einfluss der Materialeigenschaften, des eingesetzten Kühlschmierstoffes und der Ultraschallunterstützung auf die generierte Oberflächenqualität, charakterisiert durch die Rauheit und Ausbrüche, sowie dem Werkzeugverschleiß. Dazu wurden vier Hartmetalle unter konstanten Schnittbedingungen zerspant und die Einflüsse analysiert.

Die vorliegende Dissertation liefert einen deutlichen Wissensbeitrag zum Verständnis der verschiedenen Einflüsse auf das Zerspanverhalten von WC-Co Hartmetallen bei der Bearbeitung mit monokristallinen Diamantwerkzeugen. Die aufgestellten Berechnungsmodelle liefern darüber hinaus eine Möglichkeit zu einer effizienteren Prozessauslegung. Allerdings basieren die aufgestellten Berechnungsmodelle auf den empirisch gesammelten Daten. Detaillierte Untersuchungen müssen daher für weitere Werkstoffe erfolgen, um so den Einfluss der Materialeigenschaften mit berücksichtigen zu können. Weiter gilt es noch weitere mögliche Einflüsse zu identifizieren.

Summary

For the manufacturing of surfaces with optical properties in hard and brittle materials it is necessary to have a ductile cutting mechanism during the diamond machining process. To realise this condition two basic requirements for ultra-precision cutting with monocrystalline diamond tools are required: first, there is a need to produce a compressive stress in the cutting zone and secondly, the depth of cut should not exceed a critical value. The compressive stress in the cutting zone can be realized by using a tool with a negative rake angle. For a further process set up, the critical depth of cut is crucial.

The first section of this thesis describes the different results produced by varying the critical depth of cut while machining Wo-Co tungsten carbide using a ruling test similar to the standard nano-indenter test. The process parameters are the cutting velocity, the tool radius and rake angle, the addition of ultra-sonic assistance and the cutting fluid that was used. Based on the empirical data captured during the cutting experiments, a calculation model was developed to predict the change from ductile to brittle material behaviour. Only the nanocrystalline tungsten carbide CTN01L was used as the experimental material, since other types of tungsten carbide showed critical chip thicknesses of several microns due to their higher cobalt binder content and their metal-like properties. These high chip thicknesses cannot be achieved using diamond cutting due to the fragile cutting edges of the diamond tools.

The next section discusses the investigation into the influences the machining process variables have on the generated surface roughness measured inside the ruling grooves. While machining under ductile conditions, it can be shown that the coolant, tool radius, cutting depth and the addition of ultra-sonic assistance all have an influence on the generated surface roughness. The measurable roughness increases with increasing cutting depth. These empirical data obtained during these experiments also formed the basis of a calculation model.

The final section discusses the results obtained during the ruling tests which were then used as starting parameters for turning experiments employing monocrystalline diamond tools. The purpose of these experiments was the investigation of the influence of the material properties, the cutting fluid the and the addition of ultra-sonic assistance on the surface quality, characterised by the surface roughness, material pull-outs, and the resulting tool wear. Four different tungsten carbide grades were machined by diamond turning using identical cutting conditions and the resulting affects on material and tools were analysed.

This thesis provides a clear contribution to the understanding of the different influences on the machining behaviour of WC-Co tungsten carbides during machining with monocrystalline diamond tools. The new empirically based models allow for the possibility for a more efficient process definition. However, as the calculation models are based on the empirically collected data more detailed investigations must be carried out to be able to take other material properties into account. Furthermore, there are still other possible influences to be identified.

Inhaltsverzeichnis

Table of contents

Abbildungsverzeichnis

Table of figures

Tabellenverzeichnis

Table of tables

Formelzeichen und Abkürzungen

Formula symbols and abbreviations

Formelzeichen

A	[mm]	Amplitude
A_f	[mm²]	Flächen der Rissausbreitung
a_p	[µm]	Schnitttiefe
$a_{p,max}$	[µm]	Maximale Schnitttiefe
A_{sp}	[µm²]	Fläche des Spanquerschnitts eines Kommaspans
b_{sp}	[µm]	Spanungsbreite des Kommaspans
C	[J/K]	Wärmekapazität
c	[J/gK]	Spezifische Wärmekapazität
D	[mm]	Durchmesser
d_{aus}, d_{ein}	[mm]	Eintritts- und Austrittsdurchmesser
d, d_k	[µm]	Korngröße
E	[N/mm²]	Elastizitätsmodul
E_A	[J]	Aktivierungsenergie
ED	[%]	Eingriffsdauer
E_f	[Nm]	Energie für die Rissausbreitung
E_p	[Nm]	Energie für die plastische Verformung
F	[N]	Zerspankraft
f	[µm]	Vorschub
f	[Hz]	Schwingungsfrequenz
g	[m/s²]	Erdbeschleunigung
G	[-]	Griffith Kriterium
H	[HV]	Härte
h	[mm]	Steighöhe in der Kapillare
h	[kg/sm³]	Dynamische Viskosität
h_{cu}	[µm]	Spanungsdicke
$h_{cu,krit}$	[µm]	Kritische Spanungsdicke
$h_{cu,max}$	[µm]	Maximale Spanungsdicke

$h_{cu,min}$	[µm]	Mindestspanungsdicke
K_c	[MPa*m$^{1/2}$]	Bruchzähigkeit
n	[1/min]	Drehzahl
P-V	[µm]	Formgenauigkeit
r	[mm]	Radius
r	[mm]	Radius der Kapillare
r_ε	[mm]	Schneideckenradius
r'	[mm]	Projizierter Radius
Ra	[nm]	Arithmetischer Mittenrauwert
r_β	[nm]	Schneidkantenverrundung der Werkzeugschneide
R_{theo}	[nm]	Kinematische Rauheit
s_c	[m]	Schnittweg
sp^3	[-]	Atomorbital
T	[°C] oder [K]	Temperatur
t	[s]	Zeit
T_a	[s]	Austrittszeitpunkt des Werkzeugs
t_c	[s]	Kontaktzeit zwischen Werkzeug und Werkstück
T_e	[s]	Eintrittszeitpunkt des Werkzeugs
u	[-]	Übergangsfaktor in der Bifano Formel
v_c	[m/s]	Schnittgeschwindigkeit
$v_{c,os}$	[mm/s]	Geschwindigkeitsanteil der Werkzeugschwingung
$v_{c,rel}$	[mm/s]	Relativgeschwindigkeit zwischen Werkstück und Werkzeug
$v_{c,rot}$	[mm/s]	Umfangsgeschwindigkeit des Werkstücks
v_{ein}	[mm/s]	Eintrittsgeschwindigkeit
v_{krit}	[mm/s]	Kritische Geschwindigkeit
v_{KSS}	[mm/s]	Geschwindigkeit des Kühlschmierstoffstromes
v_{min}	[mm/s]	Minimale Geschwindigkeit
$v_{os,max}$	[mm/s]	Maximale Geschwindigkeit der Werkzeugschwingung
V_p	[mm^3]	Volumen der plastischen Verformung
x, y, z	[-]	Kartesisches Koordinatensystem

y	[mm]	Höhe des Meniskus in einer Kapillare

Griechische Buchstaben

α	[$10^{-6}K^{-1}$]	Wärmeausdehnungskoeffizient
α	[°]	Eintrittswinkel
α	[°]	Freiwinkel
ε	[-]	Dehnung
$\dot{\varepsilon}$	[1/s]	Umformgeschwindigkeit
γ	[°]	Spanwinkel
γ_{eff}	[°]	Effektiver Spanwinkel
φ	[°]	Umformgrad
Φ	[°]	Scherwinkel
λ	[W/mK]	Wärmeleitfähigkeit
μ	[-]	Reibungskoeffizient
ρ	[g/cm^3]	Dichte
σ_v	[N/mm^2]	Fließspannung
τ	[N/mm^2]	Schubspannung
τ_B	[N/mm^2]	Schubbruchgrenze
τ_F	[N/mm^2]	Schubfließgrenze
Φ	[°]	Kontaktwinkel
ΔQ_v	[J/mol]	Molare Verdampfungswärme
γ_{lg}	[N/m]	Oberflächenspannung der Flüssigkeit
γ_{sg}	[N/m]	Oberflächenenergie des Feststoffes
γ_{sl}	[N/m]	Grenzflächenenergie zwischen Feststoff und Flüssigkeit
γ_{lg}	[N/m]	Oberflächenspannung der Flüssigkeit

Chemische Stoffe

BK7	Glassorte
C	Kohlenstoff
CBN	Kubisches Bornitrid
CF-F35Z	Hartmetall der Firma Ceratizit

Co	Kobalt
CTN01L	Hartmetall der Firma Ceratizit
H10F	Hartmetall der Firma SANDVIK
HNO_3	Salpetersäure
J30	Hartmetall der Firma Tribo Hartmetall
$KzFSN_4$	Glassorte
NH_4OH	Ammoniakwasser
N-PSK53	Glassorte
PEG	Polyethylenglycol
WC	Wolframcarbid

Abkürzungen

CTN01L	Nanokorn-Hartmetall des Firma Ceratizit
CVD	Chemical Vapour Deposition
HM	Hartmetall
HREM	Hochauflösende Rasterelektronenmikroskopie
HSS	Schnellarbeitsstahl
HV	Härte nach Vickers
kfz	Kubischflächenzentriert
MKD	Monokristalliner Diamant
PCBN	Polykristallines Kubisches Bornitrid
PKD	Polykristalliner Diamant
REM	Rasterelektronenmikroskopie
UP	Ultrapräzision
USDT	Ultraschallunterstützte Zerspanung mit Diamantwerkzeugen

1 Einleitung und Motivation

Introduction and motivation

Der Bedarf an komplex geformten Elementen mit optischen Eigenschaften aus zum Beispiel Glas ist durch die zunehmende Digitalisierung des alltäglichen Lebens über die letzten Jahrzehnte stark angestiegen. Dabei stellen nicht nur die immer feineren Toleranzen, sondern auch die stark steigenden Stückzahlen die konventionelle Prozessabfolge aus Schleif- und Polierprozessen vor eine Herausforderung, da sich diese Prozesse nur bedingt skalieren lassen. Eine Alternative stellt dabei der replikative Prozess des Präzisionsblankpressens dar [BERN16]. Bei diesem Prozess wird das Glas zwischen hochgenau gefertigten Formwerkzeugen unter hohem Druck und bei hohen Temperaturen plastisch verformt und ermöglicht damit die effiziente Fertigung von komplexen Geometrien, wie Asphären oder auch Freiformflächen, die konventionell nicht herstellbar sind. Aufgrund der Bedingungen während des Pressens werden fast ausschließlich hochwarmfeste und harte Werkstoffe, wie beispielsweise binderlose Nanokorn-Hartmetalle, als Formwerkzeugwerkstoffe eingesetzt [BERN16]. Diese Werkstoffe werden derzeit mittels des Ultrapräzisionsschleifens bearbeitet. Für höchste Oberflächengüten wird noch ein abschließender manueller Polierprozess durchgeführt. Diese Prozessabfolge führt zu einem hohen Zeitaufwand und einer Einschränkung der geometrischen Freiheit.

Neben dem Schleifen hat sich in der Vergangenheit die Zerspanung mit Diamantwerkzeugen für die Fertigung von hochgenauen mechanischen Bauteilen mit optischen Oberflächeneigenschaften etabliert. Dieses Fertigungsverfahren eignet sich vor allem zur Zerspanung einer Vielzahl von metallischen Werkstoffen wie Aluminium, Kupfer sowie einiger Kunststoffe und Kristalle. Vorteile gegenüber dem Schleifen sind die verhältnismäßig kurze Bearbeitungsdauer und eine deutliche Erweiterung des Geometriespektrums. Allerdings ist die Bearbeitung von Hartmetall, beispielsweise für die Fertigung von Formwerkzeugen für das Präzisionsblankpressen, bisher wirtschaftlich nur bedingt möglich [BULL13].

Für die Herstellung einer Oberfläche mit optischen Eigenschaften in einem sprödharten Material ist ein duktiler Abtragmechanismus notwendig. Der Begriff der Duktilität stammt aus dem Lateinischen (ducere) und bedeutet übersetzt „ziehen, führen und leiten“. Er beschreibt allgemein die Eigenschaft eines Werkstoffs, sich unter Belastung plastisch zu verformen, bevor ein Versagen eintritt. Die Einflüsse auf ein solches Materialverhalten sind vielfältig. Bei der Zerspanung von sprödharten Materialien wird eine duktile Zerspanung im Allgemeinen mit dem stochastischen Prozess gleichgesetzt, der zu einer Oberfläche mit vergleichsweise wenigen Ausbrüchen und Fehlstellen führt [KLOC08].

Gegenstand der vorliegenden Arbeit ist die systematische Erforschung der Einflüsse auf das duktile Zerspanverhalten von Hartmetall bei der Zerspanung mit monokristallinen Diamantwerkzeugen. Der Aufbau eines grundlegenden Verständnisses der Prozesseigenschaften birgt die Möglichkeit, Optimierungspotenziale zu erkennen und auszunutzen, um so ein alternatives Fertigungsverfahren für die Herstellung von Formwerkzeugen bereitzustellen. Dazu werden ein Berechnungsmodell und ein Erklärungsmodell für den Übergang von duktilem zu sprödhartem Zerspanverhalten auf Basis von umfangreichen prozesstechnologischen Grundlagenversuchen in Form von Hobelversuchen entwickelt. Insbesondere wird dabei der Einfluss der unterschiedlichen Prozesseinstellgrößen wie Schnittgeschwindigkeit, Werkzeugeigenschaften, der Prozessmodifikation der Ultraschallunterstützung sowie des eingesetzten Kühlschmierstoffes betrachtet.

Gleichzeitig dienen die Untersuchungen dem Nachweis des Einflusses der Eingangsgröße auf die erzielbare Rauheit in Abhängigkeit von der Schnitttiefe. Auch diese Ergebnisse werden in ein Berechnungsmodell überführt.

Anschließend werden die Ergebnisse aus den Hobelversuchen auf das Drehen mit monokristallinen Diamanten von Hartmetall angewendet und die Übertragbarkeit überprüft. Im Fokus liegen dabei Untersuchungen zum Einfluss der Eingangsgrößen auf die generierte Oberflächentopographie und den Werkzeugverschleiß.

Die vorliegende Dissertation liefert somit einen deutlichen Wissensbeitrag zum Verständnis der Einflüsse auf das Zerspanverhalten von WC-Co Hartmetallen bei der Bearbeitung mit monokristallinen Diamantwerkzeugen und trägt zu einer Möglichkeit zur effizienteren Prozessauslegung bei.

2 Prozesstechnologische Grundlagen und Stand der Technik

Process technological fundamentals and state of the art

In diesem Kapitel werden die prozesstechnologischen Grundlagen und der Stand der Technik für ein grundlegendes Verständnis der Forschungsarbeit vermittelt. Dazu werden zunächst die Technologie der Ultrapräzisionszerspanung mit monokristallinen Diamantwerkzeugen näher beschrieben und die kinematischen Zusammenhänge erläutert. Diese Zerspanung wird auch, trotz der widersprüchlichen Terminologie, oftmals als Diamantzerspanung bezeichnet, obwohl dies die Zerspanung des Diamanten suggeriert. Weiter wird in diesem Kapitel das Modell zu den unterschiedlichen Zerspanmechanismen diskutiert und die ultraschallunterstützte Zerspanung mit Diamantwerkzeugen vorgestellt. Anschließend erfolgen die Beschreibung der UP-Bearbeitung von Hartmetall sowie die Charakteristika dieser Werkstoffgruppe. Einen wichtigen Teil dieses Kapitels stellt die Beschreibung der kritischen Spanungsdicke und der zur Berechnung zugrunde liegenden Modelle dar. Im letzten Unterkapitel werden Kühlschmierstoffe und deren Einsatz in der Industrie präsentiert. Dabei spielen vor allem der Rehbinder-Effekt und der Einfluss des Kühlschmierstoffes bei der Bearbeitung von sprödharten Materialien eine Rolle.

2.1 Ultrapräzisionszerspanung mit monokristallinen Diamantwerkzeugen

Ultra precision machining with mono crystal diamond tools

Nach DIN 8580 wird die Ultrapräzisionszerspanung mit monokristallinen Diamantwerkzeugen, kurz UP-Zerspanung, zu den Fertigungsverfahren der Untergruppe „Trennen – Spanen mit geometrisch bestimmter Schneide“ zugeschrieben [DIN 8580]. Diese Verfahren zeichnen sich dadurch aus, dass zu jedem Zeitpunkt der Bearbeitung die Schneidenanzahl, die Geometrie des Schneidkeils und die Lage der Schneide zum Werkstück bekannt sind. Neben dem Drehen gehören unter anderem auch das Fräsen und das Bohren zu diesen Verfahren.

Im Gegensatz zu vielen anderen Verfahren existiert für die UP-Zerspanung keine einheitliche Definition. Im Laufe der Jahre entstand jedoch durch die Zusammenfassung von verschiedenen Ansätzen zur Beschreibung von Einzelkennzeichen ein umfassendes Bild. Dabei werden vor allem die Möglichkeiten hinsichtlich der erzielbaren Genauigkeiten sowohl der Form als auch der Oberflächenqualität zur Abgrenzung gegenüber anderen Verfahren genutzt. Die Fertigung von mechanischen, optischen und elektronischen Bauteilen mit Formgenauigkeiten im Mikrometer- und Submikrometerbereich mit Oberflächen mit spiegelnden Eigenschaften werden als Merkmale gesehen [SCHM01, KOCH96].

TANIGUCHI gliederte die Fertigungsverfahren mit definierter Schneide in vier Kategorien nach ihren erreichbaren Oberflächenrauheiten [TANI96]. Die Tabelle 2-1 gibt diese Unterteilung wieder.

Dabei ist nicht nur die Abstufung der Oberflächenrauheiten in Zehnerpotenzen maßgeblich, sondern auch die Anforderungen der unterschiedlichen Verfahren an die Werkzeugmaterialien. Die angegebene Oberflächenrauheit der Ultrapräzisionszerspanung von Ra = 1 nm ist nur unter optimalen Bedingungen, wie absolut schartenfreien und wellenlosen Werkzeugen, sowie sehr homogenen oder monokristallinen Werkstoffen zu realisieren [HESE09]. Gewöhnliche mögliche Rauheiten liegen im Bereich Ra < 5 nm.

Klasse	Bearbeitungsverfahren	Werkzeuge	Oberflächenrauheit Ra
1	Konventionelle Zerspanung	HSS, HM, Keramik	1 µm
2	Präzisionszerspanung	CBN, CVD, PKD	0,1 µm
3	Hochpräzisionszerspanung	CBN, CVD, PKD	0,01 µm
4	Ultrapräzisionszerspanung	MKD	1 nm

Tabelle 2-1: Einteilung der Fertigungsverfahren mit definierter Schneide [TANI96]
Classification of machining processes with defined cutting edges [TANI96]

In Verbindung mit speziellen Werkzeugen und Maschinensystemen stellt diese Technologie damit eine der genauesten mechanischen Prozesse dar und wird in Hinblick auf die Genauigkeit lediglich durch physikalische und chemische Verfahren, wie der Lithographie, übertroffen.

In der vorliegenden Arbeit werden überwiegend Versuche mittels der Ultrapräzisionszerspanung mit monokristallinen Diamantwerkzeugen durchgeführt. Deshalb sollen die nächsten Kapitel dazu genutzt werden, die prozesstechnologischen Grundlagen zu diskutieren und so ein Verständnis der Kinematiken und Mechanismen aufzubauen. Darüber hinaus sollen die Grenzen der UP-Zerspanung aufgezeigt und Ansätze zur Modifikation des Prozesses dargestellt werden.

2.1.1 Prozesstechnologische Grundlagen und Zusammenhänge

Process technological fundamentals

Die Ultrapräzisionszerspanung mit monokristallinen Diamantwerkzeugen unterscheidet sich neben den verwendeten Schneidstoffen von der klassischen Zerspanung in vielerlei Hinsicht. Die prozesstechnologischen Grundlagen der konventionellen und der ultraschallunterstützten Zerspanung mit Diamantwerkzeugen sollen in diesem Kapitel genauer vorgestellt werden. Als erstes soll dazu eine detaillierte Betrachtung der geometrischen Eingriffsbedingungen erfolgen. Dazu werden im Folgenden die klassischen Zerspanungsgrößen wie Schnitttiefe a_p, Vorschub f und Schneideckenradius r_ε und deren Einfluss auf die für die Spanbildung relevanten Bezugsgrößen Spanungsquerschnitt A_{sp}, Spanungsbreite b_{sp} und vor allem der Spanungsdicke h_{cu} dargestellt. Darauf aufbauend werden die unterschiedlichen Zerspanmechanismen bei der Zerspanung diskutiert. Anschließend wird die Modifikation des konventionellen Prozesses durch den Einsatz von Ultraschallunterstützung inklusive der verschiedenen Prozessabläufe beleuchtet.

Kinematische Grundlagen der UP-Zerspanung

Die Ultrapräzisionszerspanung zeichnet sich durch geringe Schnitttiefen und Vorschübe im Mikrometerbereich aus. Dies führt zu einer Spanbildung im Bereich des definierten Schneideckenradius r_ε. Die dadurch entstehende Spanform wird aufgrund ihrer Gestalt als „Kommaspan" bezeichnet und ist charakterisiert durch eine entlang der Kontaktlänge zwischen Werkzeug und Werkstück veränderliche Spanungsdicke h_{cu}.

Die Abbildung 2-1 zeigt die Geometrie bei der Entstehung eines solchen Kommaspan in einer schematischen Darstellung sowie die wichtigsten Bezugsgrößen. Die für die Drehbearbeitung genutzten

Stellgrößen Schnitttiefe a_p, Vorschub f und Schneideckenradius r_ε zeigen einen unmittelbaren Einfluss auf die Größen Spanungsbreite b_{sp}, Spanungsquerschnitt A_{sp} und Spanungsdicke h_{cu}, die sich aus den erstgenannten Größen geometrisch ableiten lassen.

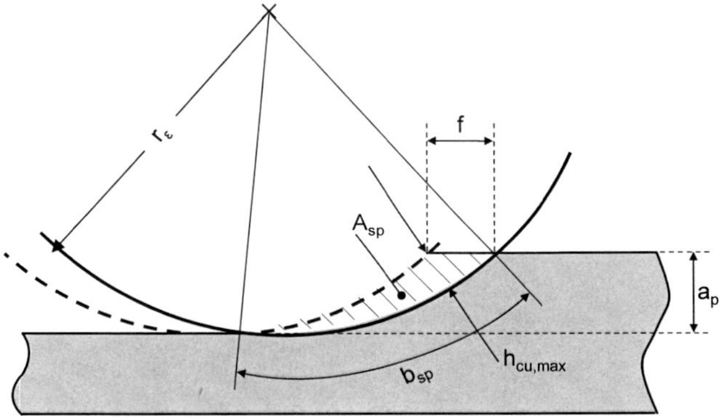

Abbildung 2-1: Geometrie des Spanungsquerschnittes A_{sp} bei der UP-Zerspanung [KOCH96]
Geometry of the chip cross section while UP-machining [KOCH96]

Des Weiteren ist in der Abbildung 2-2 der Einfluss der Stellgrößen auf die sich einstellende Spanform und damit verbunden auf die Spanungsbreite b_{sp}, Spanungsquerschnitt A_{sp} und Spanungsdicke h_{cu} zu erkennen. Hieraus ist ersichtlich, dass vor allem der Vorschub den größten Einfluss auf die Spanungsdicke h_{cu} und die gesamte Form des Spans hat. Insgesamt ist bei der Abbildung zu beachten, dass für die Darstellung der Abhängigkeiten die jeweils anderen Parameter konstant gehalten wurden und zur Veranschaulichung die Dimensionen nicht maßstabsgetreu wiedergegeben werden. Vor allem der Schneideckenradius r_ε ist in der Regel einige Zehnerpotenzen größer als die anderen dargestellten Größen der Schnitttiefe a_p und des Vorschubs f. Allerdings sind die dargestellten illustrierten Größen für den Prozess und die Beurteilung von großer Bedeutung und sollen deshalb im Folgenden formeltechnisch dargestellt werden.

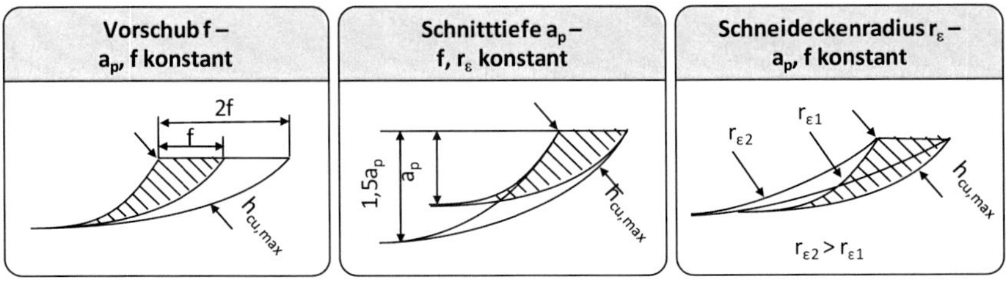

Abbildung 2-2: Einfluss der Stellgrößen auf die Spanform
Influence of the process parameters on chip shape

Als Spanungsquerschnitt A_{sp} wird die überdeckte, unverformte Fläche zwischen Werkzeug und Werkstück bezeichnet. Es ist also der Bereich, den es zu zerspanen gilt. Die Gleichung 2-1 gibt den mathematischen Zusammenhang wieder [RUEB01]:

$$A_{sp}=f\cdot\left(a_p-\frac{r_\varepsilon}{3}+\frac{1}{6}\cdot\sqrt{4\cdot r_\varepsilon^2-f^2}\right)$$ Gleichung 2-1

Die in der Abbildung 2-1 dargestellte Spanungsbreite b_{sp} kennzeichnet die theoretisch im Eingriff befindliche Kontaktlänge des Schneideckenradius r_ε und kann über die Gleichung 2-2 berechnet werden.

$$b_{sp}=r_\varepsilon\cdot\left[\arccos\left(\frac{r_\varepsilon-a_p}{r_\varepsilon}\right)+\arcsin\left(\frac{f}{2\cdot r_\varepsilon}\right)\right]$$ Gleichung 2-2

Die Größe der maximalen Spanungsdicke $h_{cu,max}$ wird im Allgemeinen zur Bewertung der Güte der Zerspanung herangezogen, da sich anhand dieser Kenngröße bestimmen lässt, ob ein Prozess überwiegend duktil oder aufgrund von Sprödbruch abläuft. Die maximale Spanungsdicke $h_{cu,max}$ kann dabei über die Gleichung 2-3 ermittelt werden.

$$h_{cu,max}=r_\varepsilon\left(1-\sqrt{1+\left(\frac{f}{r_\varepsilon}\right)^2-2\cdot\left(\frac{f}{r_\varepsilon}\right)\cdot\sqrt{2\cdot\left(\frac{a_p}{r_\varepsilon}\right)-\left(\frac{a_p}{r_\varepsilon}\right)^2}}\right)$$ Gleichung 2-3

Im folgenden Abschnitt werden die Einzelheiten der Zerspanvorgänge detailliert vorgestellt und die Begriffe der Zerspanmechanismen und die Einflüsse darauf näher beschrieben.

Zerspanmechanismen – Minimale und kritische Spanungsdicke

Der Mechanismus der Spanbildung bei der Ultrapräzisionszerspanung lässt sich aus den Beobachtungen der konventionellen Zerspanung größtenteils übertragen [GUBB06]. Im Allgemeinen ist der Ablauf der Spanbildung beim Drehprozess maßgeblich durch das Eindringen der Werkzeugschneide in das Werkstück bestimmt. Der Werkstoff wird dadurch erst elastisch verformt und beginnt nach Überschreiten einer werkstoffabhängigen maximal zulässigen Spannung zu fließen. Durch die Schneidteilgeometrie beeinflusst, bildet der verformte Werkstoff dann einen Span aus und fließt über die Spanfläche ab [KLOC08].

Bei der Ultrapräzisionszerspanung stellt sich aufgrund der verhältnismäßig geringeren Zustellung und Vorschübe eine charakteristische Spanform, der Kommaspan, ein. Dieser ist dadurch gekennzeichnet, dass sich die Spanungsdicke h_{cu} entlang des Kontaktes zwischen Werkzeug und Werkstück über die Länge verändert. Dabei nimmt h_{cu} im Spangrund einen infinitesimal kleinen Wert an und steigt danach bis auf $h_{cu,max}$ kurz vor dem Spanende an (Abbildung 2-1). Dies hat zur Folge, dass die Zerspanung in bis zu drei unterschiedliche Bereiche unterteilt werden kann.

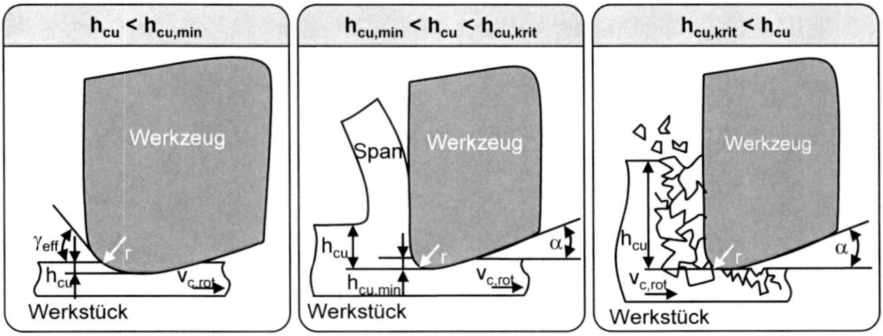

Abbildung 2-3: Spanarten in Abhängigkeit von der Spanungsdicke h_{cu}

Chip types depending on chip thickness h_{cu}

Im Bereich mit $h_{cu} < h_{cu,min}$ treten im Spangrund vermehrt Drück- und Pflügevorgänge auf, bei denen das Material durch die Schneide lediglich elastisch und plastisch verformt wird und unter der Schneidkante entlangläuft. Dieser Effekt wird auch als „ploughing-Effekt" bezeichnet. Die Mindestspanungsdicke $h_{cu,min}$ begrenzt diesen Bereich und bezeichnet hierbei einen werkstoffabhängigen Kennwert, bei dem praktisch kein Materialabtrag mehr stattfindet und die Oberfläche durch Mikrofurchungen und plastische Verformungen gekennzeichnet ist. Der elastisch verformte Anteil des Werkstoffes geht nach dem Überlauf des Werkzeugs wieder in die Ursprungsform zurück. Zur Erzielung einer hohen Oberflächengüte ist dieser Bereich deshalb möglichst klein zu halten.

Die Mindestspanungsdicke $h_{cu,min}$ ist nicht nur vom Material, sondern auch von der Schneidkantenverrundung r_β des eingesetzten Werkzeugs abhängig. Dieser Einfluss steigt vor allem bei sehr geringen Zustellungen und Vorschüben, da hierbei der effektive Spanungswinkel γ_{eff} stark negativ wird (Abbildung 2-3 links). Die Annahme von SCHMIDT besagt, dass die Mindestspanungsdicke $h_{cu,min}$ als ein Zehntel der Schneidkantenverrundung r_β angenommen werden kann. Typische Werte für die Schneidkantenverrundung r_β für Werkzeuge aus monokristallinem Diamant liegen bei $r_\beta \leq 50$ nm, woraus sich eine Mindestspanungsdicke $h_{cu,min} = 5$ nm berechnen lässt. [SCHM99]

Im Bereich von niedrigen Spanungsdicken zwischen den beiden Extrema $h_{cu,min}$ und $h_{cu,max}$ entstehen werkstoffabhängig zumeist Fließspäne, die sich durch eine kontinuierliche Spanentstehung kennzeichnen. Dabei gleitet der Span mit einer gleichmäßigen Geschwindigkeit über die Spanfläche ab. Grundvoraussetzung hierfür ist, dass sich der Werkstoff ausreichend weit verformen lässt, das Gefüge im Spanbereich gleichmäßig ist, die Verformung keine Versprödungserscheinungen bewirkt sowie die Spanbildung nicht durch äußere Schwingungen beeinflusst wird [KLOC08]. Nach BLACKLEY und BLAKE ist ein hydrostatischer Spannungszustand unmittelbar vor der Schneide für das Fließen des Werkstoffs verantwortlich. Das heißt, sowohl die Werkzeuggeometrie wie Span- und Freiwinkel als auch der für die Reibung relevante Kühlschmierstoff können diese gewünschte Spannungsverteilung beeinflussen [BLAC91]. Sprödharte Materialien lassen sich unter dem Einfluss von ausreichend hohen Druckspannungen plastisch verformen, wodurch sich hohe Verformungsgrade ermöglichen lassen, ohne dass es zu einer Werkstofftrennung entlang den größten Schubspannungen kommt [BERT07].

Nach der Theorie von MOHR kann unter einer Druckbelastung die Schubfließgrenze τ_F eines harten Materials vor der Schubbruchgrenze τ_B erreicht werden und so ein Fließen bewirken, ohne dass das Material versagt [MOHR06]. Die folgende Abbildung 2-4 verdeutlicht dies:

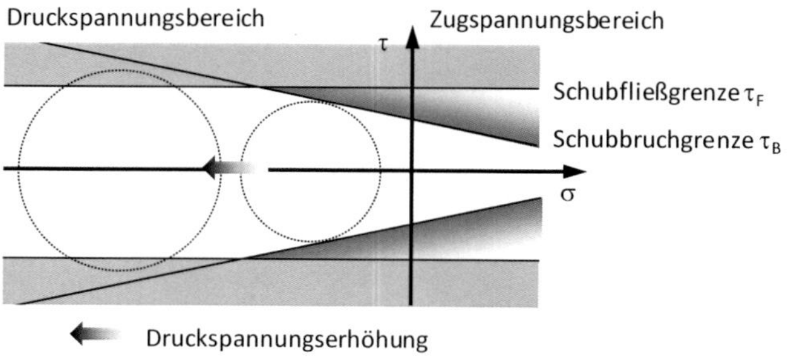

Abbildung 2-4: Modellvorstellung nach MOHR [MOHR06]
Model representation by MOHR [MOHR06]

Oberhalb einer werkstoffabhängigen kritischen Spanungsdicke $h_{cu,krit}$ dominiert ein sprödes Bruchverhalten des Werkstoffes. Die induzierten Spannungen führen dazu, dass die Schubbruchgrenze des Werkstoffes überschritten wird, jedoch kein definierter Span mehr entsteht (Abbildung 2-3 rechts). Die entstehenden Risse breiten sich nach der durch BLAKE formulierten Hypothese so weit im Material aus, dass sie auch unterhalb der eingestellten Schnitttiefe a_p im Werkstück zu finden sind und so in einem anschließenden Bearbeitungsschritt noch zu einem gewissen Anteil in der Oberfläche verbleiben (Abbildung 2-5). Dies führt zu einem von Rissen und Ausbrüchen geprägten Oberflächenbild und einer relativ hohen Mittenrauheit. Unterhalb dieser kritischen Spanungsdicke $h_{cu,krit}$ wird das Material duktil und schädigungsfrei abgetragen. Für die Erzeugung einer Oberfläche mit optischen Eigenschaften ist daher eine Zerspanung unterhalb dieses Grenzwertes Grundvoraussetzung.

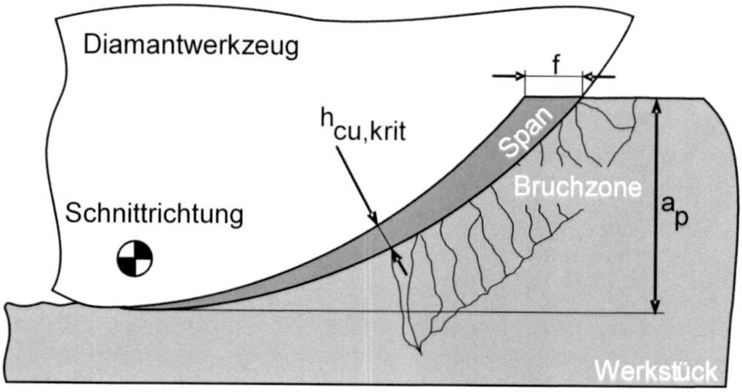

Abbildung 2-5: Modell zur Zerspanung sprödharter Werkstoffe [BLAK90]
Schematic model of machining hard and brittle materials [BLAK90]

Bei der kontinuierlichen Spanbildung, d.h. bei der Fließspanbildung, lässt sich der Prozess modellhaft durch fünf Verformungszonen beschreiben (Abbildung 2-6) [DENK11]. In den Zerspanzonen treten Scherspannungen auf, die die Scherfließgrenze des Werkstoffes überschreiten und eine plastische Verformung bedingen. Diese Verformung schreitet kontinuierlich fort und lässt unterschiedliche Bereiche, die Scherzonen, entstehen (Abbildung 2-6). In der Ultrapräzisionszerspanung gehen diese Zonen durch die geringen Dimensionen teilweise ineinander über.

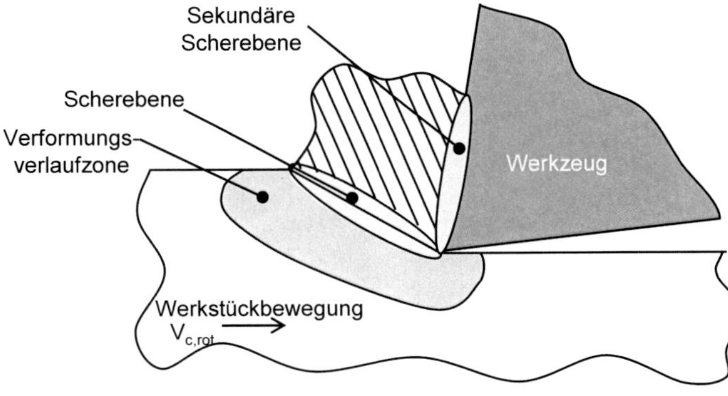

Abbildung 2-6: Scherzonen bei der Zerspanung mit geometrisch bestimmter Schneide [DENK11]
Shear zone while machining with geometrical defined tool geometry [DENK11]

In der Scherebene herrscht die maximale Schubspannung, was dazu führt, dass hier der Span abgeschert wird. Die Beschaffenheit des Werkstückstoffes beeinflusst dabei die Position zwischen Span und Werkstück entlang der Scherebene. Spröde Werkstoffe, die sich durch ein geringes Umformvermögen auszeichnen, begünstigen zum Beispiel die Trennung zwischen den Zerspanpartnern nahe der unbearbeiteten Werkstückoberfläche. Bei Werkstoffen mit duktilen Eigenschaften dagegen kann eine Abscherung auch erst in der Stau- und Trennzone erfolgen [TOEN04]. Der so entstehende Span fließt über die Spanfläche des Werkzeugs ab. Dadurch entsteht aufgrund der Reibung zwischen den Wirkpartnern die sekundäre Scherzone. Bei der Ultrapräzisionszerspanung ist diese Zone durch den im Allgemeinen sehr geringen Reibwert der Werkzeuge aus monokristallinem Diamanten nur von geringem Ausmaß [JASP99].

Während des Schneidens werden erhebliche plastische Verformungen des bearbeiteten Werkstoffes hervorgerufen. In der konventionellen Zerspanung werden dabei Umformgrade von $\varphi = 1$ bis zu $\varphi = 3$ erreicht; Werte, die auch durch die Ultrapräzisionszerspanung erreicht werden können. Die Umformgeschwindigkeit $\dot{\varepsilon}$ lässt sich durch die folgende Gleichung darstellen, wobei v_c die Schnittgeschwindigkeit und h_{cu} die Spanungsdicke ist:

$$\dot{\varepsilon} = \frac{v_c}{h_{cu}}$$ Gleichung 2-4

Typische Werte für die Schnittgeschwindigkeit v_c und die Spanungsdicke h_{cu} bei der Ultrapräzisionszerspanung liegen bei $v_c = 1$ m/s und bei maximal einem Mikrometer für h_{cu}. Damit lässt sich die Umformgeschwindigkeit $\dot{\varepsilon}$ zu größer 10^6 s^{-1} errechnen. Dieser hohe Wert geht oftmals mit einer Temperaturentwicklung einher, die wiederum einen Verschleiß an der Werkzeugschneide zur Folge haben kann. Hierbei ist vor allem die Oxidationstemperatur von Diamant (ca. T = 500 °C) als kritische Temperatur zu betrachten [GUBB06].

Sowohl die Werkstoffeigenschaften als auch die Parametereinstellung, wie der Schneideckeradius, haben einen Einfluss auf die Mindestspanungsdicke $h_{cu,min}$ und die kritische Spanungsdicke $h_{cu,krit}$. Um das Hauptziel der Ultrapräzisionszerspanung eines stabilen Prozesses zur Erzeugung einer hohen Oberflächengüte zu erreichen, wird ein möglichst großer Abstand zwischen $h_{cu,min}$ und $h_{cu,krit}$ angestrebt. Trotzdem lässt sich die Unterschreitung der Mindestspanungsdicke durch die Spanform bei der Bearbeitung nicht vermeiden.

Entstehung von Eigenspannungen in der Randzone

Zur Beurteilung eines Prozesses und der dabei vorherrschenden Kräfte und Temperaturen wird bei der Ultrapräzisionszerspanung oft die Randzonenanalyse zurate gezogen, da es aus technischer Sicht nur bedingt möglich ist, die auftretenden Kräfte und Temperaturen exakt zu messen. Wie schon an anderer Stelle erwähnt, wurden viele Erkenntnisse bei der Hochpräzisionszerspanung gewonnen, die sich aber nur bedingt auf die Ultrapräzisionszerspanung übertragen lassen. Durch die äußerst hohe Wärmeleitfähigkeit der monokristallinen Diamanten fällt die thermische Belastung der Werkstückrandzone deutlich geringer aus. Darüber hinaus ist auch die mechanische Belastung durch die scharfkantigen Werkzeuge und die kleineren Schnittparameter niedriger.

Allgemein kann zwischen geometrischen und physikalischen Randzoneneigenschaften unterschieden werden. Dabei fallen Oberflächengüte, Maß-, Form- und Lagetoleranzen unter die geometrischen und Gefüge, Härte sowie Eigenspannungen dagegen unter die physikalischen Eigenschaften [MACH83]. Eigenspannungen sind dabei innere Spannungszustände, die sich in einem Bauteil in einem belastfreien und temperaturkonstanten Zustand einstellen [KLOC07]. Der Zustand der Eigenspannungen in der Randzone nach der Bearbeitung ergibt sich aus der Überlagerung mechanischer und thermischer Belastungen während der Zerspanung und den Eigenspannungen im Ausgangszustand. Dadurch können sowohl Zug- als auch Druckspannungen entstehen [SCHD99].

Die Druckspannungen entstehen dabei durch die mechanische Belastung durch den Überlauf des Werkzeugs über die Bauteiloberfläche. Ausgehend von anfänglichen Druckspannungen bilden sich bei der Zerspanung hohe Zugspannungen in der Randzone aus. Nach Überschreitung der Fließgrenze hat dies eine plastische Verformung des Materials zur Folge. Während der anschließenden Entlastung hinter der Werkzeugschneide kommt es zu einer Umkehr der Spannungen und somit zu einer verbleibenden Druckspannung in der Randzone [KLOC08a]. Bleibende Zugeigenspannungen werden dagegen durch eine thermische Belastung induziert. Diese resultiert maßgeblich aus werkstoffinterner Reibung sowie der Reibung zwischen der Freifläche des Werkzeugs und dem Werkstück. Die lokal eingebrachte Wärme führt zur Entstehung von Druckeigenspannungen, die die werkstoffabhängige Warmstreckgrenze überschreiten können. Nach dem Abkühlen verbleiben dann Zugeigenspannungen im Bauteil [SCAT93].

Erkenntnisse bei der UP-Zerspanung von nanokörnigem Hartmetall CTN01L gehen auf die Untersuchungen von BULLA zurück. Dieser erkannte, dass die Zerspanung die Druckeigenspannungen in der Randzone des Werkstücks erhöht. Darüber hinaus konnte nachgewiesen werden, dass die Ultraschallunterstützung mit zunehmender Systemfrequenz zu höheren Druckeigenspannungen führt. Ein ähnlicher Effekt konnte bei steigenden negativen Spanwinkeln gezeigt werden [BULL13].

2.1.2 Ultraschallunterstützte Zerspanung mit Diamantwerkzeugen

Ultrasonic assistant diamond machining

Die ultraschallunterstützte Zerspanung mit monokristallinen Diamantwerkzeugen wurde entwickelt, um den Verschleiß bei der Zerspanung von eisenhaltigen Werkstoffen zu minimieren und dadurch die Materialien wirtschaftlich mit Oberflächenqualitäten mit optischen Eigenschaften, Ra < 20 nm, bearbeiten zu können [HESE09]. Ziel dieser Prozessmodifikation ist es, einen unterbrochenen Schnitt zu generieren und damit die Kontaktzeit zwischen Werkstück und Werkzeug zu verringern. Dadurch wird der chemische Verschleiß der Diamanten unterdrückt und so die Möglichkeit der direkten Bearbeitung von ansonsten nicht bearbeitbaren Materialien gegeben. Um das Abheben des Werkzeugs vom Werkstück in jedem Schwingungszyklus zu garantieren, muss die maximale Schwingungsgeschwindigkeit des Werkzeugs $v_{os,max}$ größer sein als die Rotationsgeschwindigkeit $v_{c\text{-}rot}$ des Werkstückes. Damit ergibt sich mit der Schwingfrequenz f und der Amplitude A eine kritische Relativgeschwindigkeit v_{krit} zwischen Werkzeug und Werkstück, bei der gerade kein unterbrochener Schnitt mehr stattfindet:

$$v_{krit} = 2\pi \cdot f \cdot A$$ Gleichung 2-5

Zur Generierung der Ultraschallschwingung wird allgemein zwischen zwei Systemen unterschieden. Die eine Bauart sieht eine Schwingung in bidirektionaler Richtung vor, was eine elliptische oder kreisförmige Bewegung des Werkzeuges zur Folge hat. Diese Systeme haben den Vorteil, dass das Werkzeug bei jedem Zyklus komplett vom Werkstoff abgehoben wird. Nachteilig sind die im Vergleich geringeren Schnittgeschwindigkeiten und höheren Rauheiten. Das andere System, was auch in dieser Arbeit eingesetzt wird, arbeitet mit einer longitudinalen, unidirektionalen Schwingung. Das Werkzeug oszilliert ausschließlich in Schnittrichtung.

Die Abbildung 2-7 zeigt eine schematische Darstellung der Bewegungsverhältnisse zwischen Werkzeug und Werkstück bei der ultraschallunterstützten Bearbeitung mit einem unidirektionalen System.

Die harmonische Schwingung mit kleiner Amplitude wird mithilfe eines durch einen Generator angeregten Piezoaktors erzeugt. Eine Sonotrode verstärkt die Amplitude. Auf der oberen Seite der Sonotrode wird das Werkzeug, mit der Spanfläche in Richtung der Schnittrichtung befestigt. MURAKAWA zeigte, dass es bei der Rückwärtsbewegung des Werkzeuges zu einem Kontakt mit dem zuvor zerspanten Material kommen kann. Bedingt durch die Reibung am Werkstück entstehen Zugspannungen im Diamanten, die zu einem erhöhten Verschleiß und Abplatzungen an der Schneidkante führen können. Daraus folgen verringerte Standzeiten und schlechtere Oberflächengüten. Um die zusätzliche Belastung zu vermeiden, kann die Werkzeugbahn zum Beispiel in einem Winkel von 3° zum Werkstück verkippt werden [MURA01].

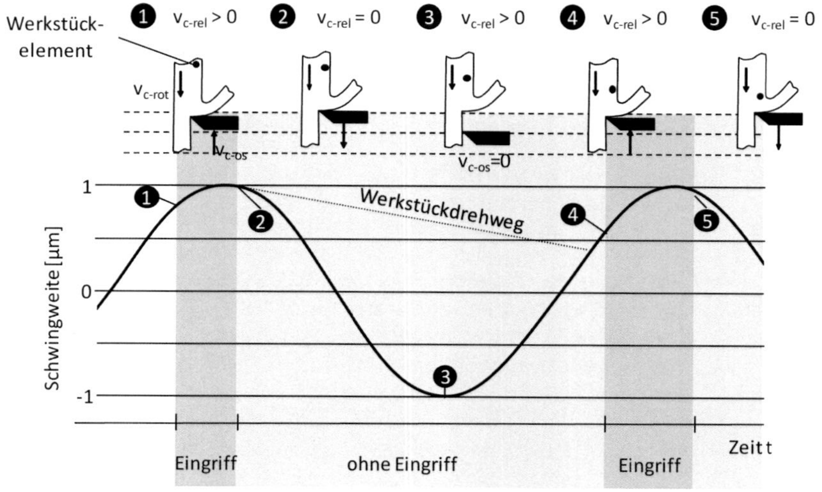

Abbildung 2-7: Bewegungsverhältnisse zwischen Werkzeug und Werkstück bei der ultraschall-unterstützten Zerspanung mit Diamantwerkzeugen

Movement relation between tool and work piece while diamond turning with ultra sonic assistance

Beide Systeme werden in Resonanz betrieben, um die geforderten Amplituden zu erreichen. Nachteilig ist bei beiden Systemen, dass sie nur mit einer Arbeitsfrequenz oder einem ganzzahligen Vielfachen dieser betrieben werden können, womit für jede gewünschte Frequenzänderung ein neuer Aufbau nötig ist. Es existieren aber auch Systeme, die nicht in Resonanz betrieben werden [BREH08].

Die Ultraschallunterstützung ist Thema vieler Forschungsarbeiten. Dabei konnten einige Vor- und Nachteile gegenüber der konventionellen Zerspanung nachgewiesen werden. Als Vorteile seien die deutlich verringerten Prozesskräfte, die erhöhte Standzeit der Werkzeuge bei der Bearbeitung von beispielsweise eisenhaltigen Werkstoffen und die Erhöhung der kritischen Spanungsdicke als Kennzahl des Übergangs vom sprödharten Materialverhalten zum duktilen zu nennen [RUEB01]. Als Ursachen für die positiven Einflüsse durch die schwingungsunterstützte Bearbeitung in der Ultrapräzisionszerspanung lassen sich nach Heselhaus und Kim festhalten:

- Minimierte Reibung durch aerodynamischen Schmiereffekt
- Geringe mittlere und absolute Zerspankräfte durch stark unterbrochenen Schnitt
- Größere Scherwinkel bei der Spanbildung
- Mikromeißeleffekt durch hochfrequenten Einschlag des Werkzeuges
- Reduzierte Randzonenschädigung durch geringe Prozesskräfte
- Bessere Abbildung des Werkzeuges und Reduzierung von Gratbildung durch geringere elastische und plastische Verformung des Bearbeitungssystems
- Erhöhung der kritischen Grenzspanungstiefe durch verminderte Prozesskräfte

Nachteilig ist vor allem die beschränkte Schnittgeschwindigkeit. Das Nomogramm in Abbildung 2-8 zeigt die Abhängigkeit der nicht analytisch beschreibbaren Größen Eingriffsdauer ED und Eintrittsgeschwindigkeit v_{ein} von der Amplitude A und der Rotationsgeschwindigkeit $v_{c\text{-}rot}$ für die Frequenz von f = 80 kHz.

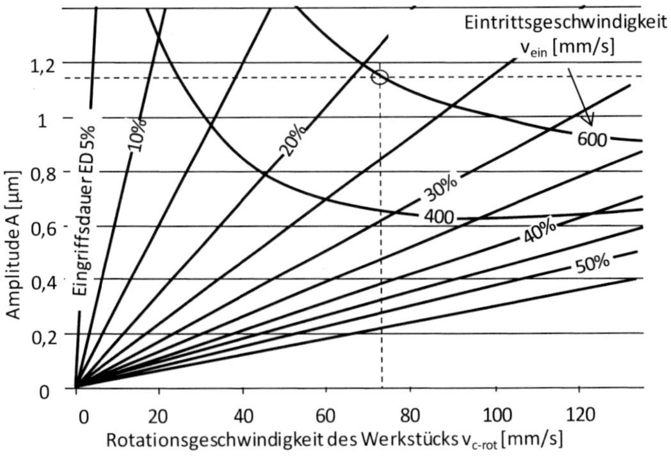

Abbildung 2-8: Nomogramm für die Approximation der Eingriffsdauer und Eintrittsgeschwindigkeit in Abhängigkeit von der Amplitude und Werkstückgeschwindigkeit bei einer Arbeitsfrequenz von 80 kHz

Nomogram for the approximation of the entrance duration and the entrance speed depending on the amplitude and work piece speed for a working frequency of 80 kHz

Die aus Untersuchungen erkannten besten Parameter stellen einen Kompromiss zwischen Werkzeugverschleiß, Oberflächengüte und Bearbeitungsdauer dar. Aus einer Amplitude A von knapp 1,2 µm, einer Eintrittsgeschwindigkeit von 600 mm/s und einer Eingriffsdauer ED von 20% folgt eine Rotationsgeschwindigkeit des Werkstücks von 70 mm/s, was ungefähr einer Schnittgeschwindigkeit v_c von 4 m/min entspricht.

2.1.3 Definition und Ursache von Verschleiß

Definition and reason of wear

Die Werkzeugschneide ist während des Zerspanprozesses durch die Verformungs-, Trenn- und Reibvorgänge einem außerordentlich komplexen Belastungskollektiv ausgesetzt. [KLOC08].

Trotz der außerordentlich hohen Härte der Diamantwerkzeuge wird die Standzeit durch unterschiedliche Faktoren wie die Schnittparameter, den Werkstückwerkstoff sowie die Umgebungsbedingungen bestimmt. Allgemein lassen sich fünf Hauptmechanismen für den Verschleiß identifizieren, die sich im realen Prozess allerdings überlagern und damit in ihrer Ursache und Auswirkung nur teilweise voneinander trennen lassen [ZUMG88, CZIC92]:

- Abrasion
- Adhäsion
- Tribo-chemische Reaktion
- Oberflächenzerrüttung
- Diffusion

Unter abrasivem Verschleiß versteht man das Ritzen oder Mikrospanen des Schneidstoffes durch Eindringen von harten Rauheitsspitzen des Werkstücks oder sonstigen harten Partikeln in die Randschicht des Werkzeugs. Bei spröden Werkstoffen kann es darüber hinaus auch zu Mikroausbrüchen kommen. Dabei werden durch die Entstehung und Ausbreitung von Rissen auch jenseits der Verschleißfurche Materialteilchen gebildet und abgelöst. Das Volumen dieser Partikel ist dabei mehrfach größer als das der durchgehenden Furchen [ZUMG88].

Adhäsion bezeichnet im Allgemeinen einen Vorgang, bei dem Haftverbindungen an Grenzflächen gebildet werden. Bei der Zerspanung, insbesondere von duktilen Werkstoffen, kommt es durch Verschweißen von Werkstückpartikeln auf der Werkzeugoberfläche zu einer Bildung von sogenannten Aufbauschneiden. Diese können durch tangentiale Bewegungen verformt, verfestigt und abgeschert werden. Dadurch kann es zur Materialtrennung innerhalb des Werkzeugs in Form von Mikroausbröckelungen und Ausbrüchen kommen [KLOC08].

Eine tribologische Belastung ist Grundvoraussetzung für tribochemischen Verschleiß, wobei die involvierten Reibpartner sowie der Zwischenstoff chemisch miteinander reagieren. Allgemein lassen sich tribo-thermische, -chemische und elektrisch getriebene Verschleißvorgänge unterscheiden. Als Beispiel seien hier die Erkenntnisse von RÜBENACH erwähnt, der das Verschleißverhalten von Diamantwerkzeugen bei der ultraschallunterstützten Drehbearbeitung von Glas untersuchte. Dabei zeigte sich, dass vor allem die Eingriffsdauer einen entscheidenden Einfluss auf das Verschleißverhalten des Werkzeugs hat. Bei niedrigen Eingriffsdauern von 10% spielte der tribochemische Verschleiß eine untergeordnete Rolle. Mit zunehmender Kontaktzeit treten die chemischen Effekte jedoch stärker in den Vordergrund [RUEB01].

Bei der Oberflächenzerrüttung dagegen erfolgt eine Schwächung der oberflächennahen Werkstoffschichten durch wiederholte thermisch-mechanische Spannungszyklen, wobei Mikrorisse entstehen, die durch die zyklische Belastung wachsen und schließlich zum Ausbruch von Partikeln an der Oberfläche führen [ZUMG88].

Der Begriff der Diffusion klassifiziert einen temperaturabhängigen, chemisch-physikalischen Prozess beruhend auf der thermischen Eigenbewegung von Teilchen wie Atome und Moleküle. Das thermodynamische Streben eines abgeschlossenen Systems nach größtmöglicher Entropie führt zu einem Ausgleich von Konzentrationsunterschieden von Atomen durch atomaren Platzwechsel [SEIT13]. Die bei der Zerspanung herrschenden hohen Drücke und Temperaturen in der Kontaktzone begünstigen Diffusionsvorgänge zwischen Werkstoff und Schneidstoff [KLOC08].

2.2 Ultrapräzisionsbearbeitung von Hartmetall

Ultra precision machining of tungsten carbide

2.2.1 Definition und allgemeine Charakteristika von Hartmetall

Definition and general characteristics of tungsten carbide

Hartmetall ist ein Verbundwerkstoff und besteht aus metallischen Hartstoffen der Übergangsmetalle (Carbiden) und einer weichen metallischen Matrix aus Kobalt und/oder Nickel. Die eingesetzten Hartstoffe weisen sehr unterschiedliche Eigenschaften hinsichtlich ihrer Härte, Zähigkeit und thermischen Beständigkeit auf, wodurch die Zusammensetzung der Hartstoffphase einen wichtigen Einflussfaktor auf die Eigenschaften des Verbunds darstellt. In technisch eingesetzten Hartmetallen werden zumeist Carbide auf Basis von Wolfram, Titan oder Tantal eingesetzt.

Die Herstellung von Hartmetallbauteilen erfolgt über einen Sinterprozess. Hierbei wird ein Gemisch aus Hartstoff und Binder auf die relativ geringe Schmelztemperatur des Bindermetalls erhitzt. Der schmelzförmige Binder umschließt die Hartstoffe und hält diese nach dem Abkühlen zusammen. Dadurch wird die hohe Härte, Abriebfestigkeit und Temperaturbeständigkeit der carbidischen Stoffe mit der hohen Zähigkeit der Matrix verbunden. [RUGE07]

Je nach Zusammensetzung der Hartmetalle können vier Hauptgruppen unterteilt werden [DREY01]. Die nachfolgende Tabelle 2-2 gibt diese Unterteilung sowie die Zusammensetzung und die Eigenschaften der unterschiedlichen Gruppen wieder.

WC-Co Hartmetalle haben aufgrund ihrer herausragenden Kombination aus Verschleißfestigkeit und Zähigkeit einen breiten Anwendungsbereich in der Industrie, wie dem Bergbau oder als Zerspanungswerkzeuge für die Bearbeitung von vergüteten Stählen, Gusseisen und Nichtmetallen. Neben dem Wolframcarbid als Härteträger und der Bindephase aus Kobalt werden zum Teil noch Zweitcarbide wie Vanadincarbid, Chromcarbid oder Tantalniodcarbid beigefügt. Diese dienen in meist sehr geringen Mengen von < 1 – 2% der Kornwachstumshemmung während des Sinterprozesses oder der Verbesserung der Temperaturbeständigkeit [BERT07].

WC-C-Co Hartmetalle weisen einen höheren Zweitcarbidanteil auf als reine WC-Co Hartmetalle. Sie eignen sich vor allem für die Zerspanung von langspanenden Stahlwerkstoffen. Eine untergeordnete Bedeutung spielen sie auch im Bereich der Umformtechnik und für den Verschleißschutz [KOLA92].

Bei den korrosionsfesten Hartmetallen wird die Co-Bindephase durch Nickel ersetzt und so die Beständigkeit gegenüber Säuren erhöht. Allerdings wird hierdurch die Festigkeit im Vergleich zu WC-Co Hartmetallen verringert [KLOC08].

Hochtitancarbidhaltige Hartmetalle zeichnen sich durch eine verhältnismäßig geringe Dichte aus. Ein wesentlicher Unterschied liegt jedoch in der deutlich geringeren Wärmeleitfähigkeit bei gleichzeitig höherer Wärmeausdehnung [KLOC08].

Hartmetallgruppe	Zusammensetzung	Eigenschaften
WC-Co Hartmetalle	• Wolframcarbid • Kobaltbinder	• Hohe Abriebfestigkeit und Zähigkeit • Starke Diffusionsneigung
WC-C-Co Hartmetalle	• Wolframcarbid • Mischcarbide • Kobaltbinder	• Hohe Warmfestigkeit • Oxidationsbeständig • Diffusionsbeständig
Korrosionsfeste Hartmetalle	• Wolfram-, Chromcarbid • Co bzw. Ni als Binder	• Korrosionsbeständig
Hochtitancarbidhaltige Hartmetalle (Cermets)	• Titancarbid, Titannitrid • Kobalt und Nickel	• Hohe Härte • Geringe Dichte • Warmverschleißfest • Diffusionsbeständig

Tabelle 2-2: **Einteilung der Hartmetalle**
Classification of tungsten carbide

Neben der Wahl des Bindemetalls und der Zusammensetzung der Hartstoffphase haben Bindephasengehalt, Korngröße und Korngrößenverteilung einen erheblichen Einfluss auf die Eigenschaften des Hartmetalls und stellen somit eine Möglichkeit dar, das Hartmetall auf die jeweiligen Anforderungen anzupassen.

Der Gehalt des Bindemetalls hat einen direkten Einfluss auf die Zähigkeit des Verbundwerkstoffes, wobei sie mit steigendem Anteil am Bindemetall höher wird. Binderarme Hartmetalle dagegen weisen eine vergleichsweise höhere Härte auf, da der Abstand zwischen den einzelnen Hartstoffpartikeln geringer ist.

Darüber hinaus hat vor allem die Korngröße einen erheblichen Einfluss auf die Eigenschaften. Die nachfolgende Tabelle zeigt die Gruppenunterteilung nach den Korngrößen:

Gruppen	Korngröße der Hartstoffpartikel	Eigenschaften
Nanokorn	dk < 0,2 µm	↑ Steigende Härte ↑ Steigende Festigkeit
Ultrafeinstkorn	0,2 µm < dk < 0,5 µm	
Feinstkorn	0,5 µm < dk < 0,8 µm	
Feinkorn	0,8 µm < dk < 1,3 µm	
Mittelkorn	1,3 µm < dk < 2,5 µm	
Grobkorn	2,5 µm < dk < 6,0 µm	
Extragrobkorn	6 µm < dk	

Tabelle 2-3: **Einteilung der WC-Co Hartmetalle**
Classification of WC-Co tungsten carbides

Mit sinkender Korngröße der Hartstoffpartikel steigen sowohl die Härte als auch die Festigkeit. Vor allem Hartmetalle mit einer Korngröße unter 1 µm weisen eine außergewöhnliche vorteilhafte Kombination von Härte und Festigkeit auf. Einen Exoten stellen die sogenannten binderlosen Nanokorn-Hartmetalle dar. Diese weisen, wie ihr Name schon sagt, zumeist keinen Binder auf. Die Angaben hinsichtlich der geringen Anteile des Binders sind dabei auf den Herstellungsprozess zurückzuführen. Kennzeichnend für diese Hartmetallsorte ist die Möglichkeit der Herstellung von defektfreien Oberflächen mit spiegelnden Eigenschaften.

2.2.2 Bearbeitung von Hartmetall

Machining of tungsten carbide

Aufgrund der Eigenschaften von Hartmetall erfolgt die Bearbeitung zumeist über spanende oder abtragende Fertigungsverfahren. Als abtragende Verfahren kommen unter anderem die Laserablation, die Funkenerosion oder das Sandstrahlen zum Einsatz, Nachteilig bei diesen Verfahren sind die Einschränkung hinsichtlich der herstellbaren Geometrien, eine lange Bearbeitungsdauer oder hohe Kosten [DAYM06].

Demgegenüber steht die Möglichkeit, Hartmetall schleifend zu bearbeiten. Dazu werden zumeist Diamantschleifscheiben eingesetzt. Allerdings ist trotz des harten Schneidstoffes das Verhältnis vom zerspanten Werkstückvolumen zum Volumenverschleiß der Schleifscheibe, allgemein als Faktor G bezeichnet, deutlich geringer als beim Schleifen von gehärteten Stählen [SCHE88]. Das bedeutet, dass der Verschleiß der Schleifscheiben verhältnismäßig hoch ist. Darüber hinaus ist auch hier die geometrische Freiheit gegenüber der Zerspanung mit Diamantwerkzeugen eingeschränkt.

Ein weiteres Verfahren zur Bearbeitung von Hartmetallen stellt das Hartdrehen dar. Allerdings beschränken sich Untersuchungen bisher auf Korngrößen bis maximal zum Feinstkorn. Über die Zerspanung von Nanokorn-Hartmetallen existieren nur wenige wissenschaftliche Erkenntnisse. Dies ist vor allem darauf zurückzuführen, dass das Einsatzgebiet einen Nischenmarkt des Präzisionsglaspressens von Glasoptiken bedient [BERT07]. Bertalan untersuchte in seiner Arbeit unter anderem die Einflussfaktoren auf die Oberflächenausbildung bei zwei unterschiedlichen Hartmetallsorten. Die Abbildung 2-9 zeigt die Unterscheidung zwischen einem transkristallinen und einem interkristallinen Riss.

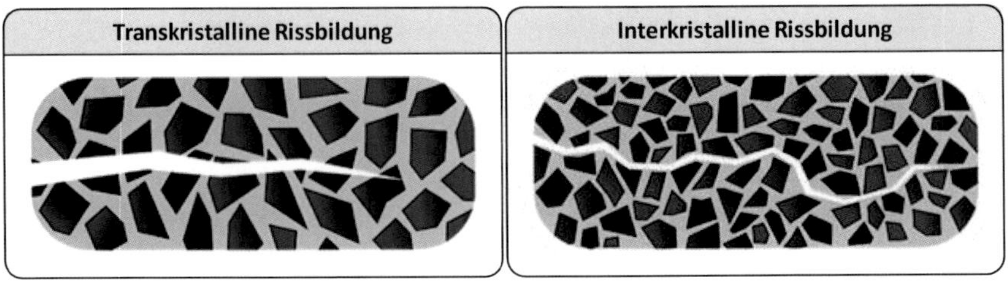

Abbildung 2-9: Herausbrechen von WC-Kristalliten bei der UP-Bearbeitung von Hartmetall mit MKD [BERT07]

Break out of WC-crystallitte while UP-machining of tungsten carbide with MCD [BERT07]

Die mit monokristallinen Diamantwerkzeugen erzeugten Oberflächen wiesen zahlreiche Fehlstellen in der Größe der Kristallite auf. BERTALAN schloss daraus, dass die entstandenen Risse sich entlang der Korngrenzen fortpflanzen und damit das Herausbrechen von WC-Kristalliten aus dem Werkstoffgefüge verursachen. Dadurch wird die Oberflächentopographie maßgeblich bestimmt. [BERT07].

Im Folgenden soll der Stand der Technik für die duktile Bearbeitung von Hartmetall mit Bezug zur Ultrapräzisionszerspanung mit monokristallinen Diamanten aufgezeigt werden.

Duktile Bearbeitung von Hartmetall

Aufbauend auf den vorangegangenen Kapiteln wird in diesem auf die Besonderheiten bei der Ultrapräzisionszerspanung von sprödharten Materialien eingegangen. Dabei stellt vor allem das Verständnis der Materialtrennmechanismen eine grundlegende Voraussetzung zur Erzielung der geforderten Prozessergebnisse dar. Das Hauptaugenmerk soll dabei auf der Bearbeitung von Hartmetall liegen.

Es wurden bereits eine Vielzahl an Untersuchungen zum Übergang vom spröden zum duktilen Zerspanverhalten durchgeführt. Unterschiedliche Wissenschaftler konnten nachweisen, dass sowohl eine anliegende Druckspannung als auch eine höhere Temperatur in der Zerspanzone die duktile Bearbeitung sprödharter Werkstoffe begünstigen. Allerdings hängen die erforderlichen Randbedingungen sehr stark vom Werkstoff ab [BLAC91, BIFA91, WEND02, BULL13].

Ein oftmals genutztes Energiemodell zur Beschreibung des Übergangs von duktiler zu spröder Materialzerspanung basiert dabei auf den Annahmen von LIU ET AL. Diese besagen, dass die bei der Zerspanung spröder Materialien zugeführte Energie fast vollständig in Wärme umgewandelt wird, die Werkstoffhärte temperaturabhängig ist und eine Beziehung zwischen der Härte und der Bruchzähigkeit vorhanden ist. BIFANO leitete daraus eine Gleichung zur Beschreibung der kritischen undeformierten Spanungsdicke $h_{cu,krit}$ her. Dazu führte er eine Energiebetrachtung durch. Die Energie E_p für die plastische Verformung eines Materials ist vorrangig abhängig von der Fließspannung σ_F und dem zu verformenden Volumen V_P und kann wie folgt beschrieben werden.

$$E_p = \sigma_F \cdot V_P$$

Gleichung 2-6

Demgegenüber steht die Gleichung für E_f, die den Parameter G der Rissausbreitung nach GRIFFITH nutzt. Darüber ist es möglich, die Energie zu berechnen, die notwendig ist, um eine neue Fläche A_f durch Risse zu bilden.

$$E_f = G \cdot A_f$$

Gleichung 2-7

Dabei ist V_p eine Funktion von a_p^3 und A_f von a_p^2. Daraus folgt, dass der Quotient aus E_p und E_f eine Funktion von a_p ist. Aus dieser Betrachtung leitete BIFANO her, dass bei geringen Schnitttiefen eine plastische Verformung eines spezifischen Werkstoffvolumens weniger Energie verbraucht als die Bildung einer neuen Oberfläche. [BIFA91]

Unter Berücksichtigung der Materialkennwerte, die einen Einfluss auf die plastische Verformung und die Rissbildung haben, leitete BIFANO seine Gleichung zur Berechnung der kritischen Spanungsdicke $h_{cu,krit}$ in Abhängigkeit vom Elastizitätsmodul E, der Härte H und der Bruchzähigkeit K_C her:

$$h_{cu,krit} = u \cdot \left(\frac{E}{H}\right) \cdot \left(\frac{K_c}{H}\right)^2 \qquad \text{Gleichung 2-8}$$

In Experimenten an Keramiken bestimmte BIFANO den Wert für den Faktor u zu 0,15 [BIFA91].

Die Übersteigung des aus Gleichung 2-8 berechneten Wertes für $h_{cu,krit}$ geht mit einem Übergang von duktilem zu sprödem Werkstoffverhalten einher. Zur Verifikation der errechneten Spanungsdicke $h_{cu,krit}$ führte LIU ET AL. experimentelle Untersuchungen mit CBN-Werkzeugen an Wolframcarbidwerkstücken durch. Der dadurch bestimmte Wert für $h_{cu,krit}$ lag mit $h_{cu,krit}$ = 2,485 µm 15% oberhalb des über Gleichung 2-8 berechneten Wertes von $h_{cu,krit}$ = 2,114 µm. Grund für diese Schwankung führten sie auf die Konstante u zurück, die von BIFANO für keramische Werkstoffe bestimmt und von für LIU ET AL. für Hartmetalle übernommen wurde. Die unterschiedlichen Werkstoffeigenschaften führen aber auch zu verschiedenen u-Werten. Hartmetall ist aufgrund seiner polykristallinen Struktur nicht so spröde wie Keramik und damit muss ein höherer Wert für u angenommen werden. LIU ET AL. gingen davon aus, dass das Energiemodell bei genauer bestimmten u-Werten auch präzisere Vorhersagen der kritischen Spanungsdicke durch die Gleichung 2-8 ermöglicht [LIUK01].

Auch WIRTZ beschäftigte sich mit der Untersuchung des Zerspanverhaltens von WC-Co Hartmetallen beim Schleifen in Abhängigkeit von den Hartmetallspezifikationen und den Schleifprozessparametern. Er zeigte, dass die kritische Spanungsdicke sowohl von der Korngröße als auch von dem Kobaltanteil abhängig ist. Auf Basis der Versuche wurde ein empirisch-analytisches Modell zur Berechnung der kritischen Spanungsdicke entwickelt (Gleichung 2-9), das die Zweiphasigkeit des Verbundwerkstoffes berücksichtigt und durch Validierungsversuche im Rahmen des betrachteten Versuchsraumes bestätigt wurde.

$$h_{cu,krit} = 0{,}38 \cdot x_{Co,i} \cdot \left(\frac{E_{Co}}{H_{Co}}\right)\left(\frac{K_{C,i}}{H_{Co}}\right)^2 + 0{,}95 \cdot \frac{d_{WC,i}}{x_{WC,i}} \cdot \left(\frac{E_{WC}}{H_{WC}}\right)\left(\frac{K_{C,i}}{H_{WC}}\right)^2 \qquad \text{Gleichung 2-9}$$

Die Gleichung besteht aus zwei Summanden. Der erste Summand beschreibt den Einfluss des Kobalts mit $x_{Co,i}$ Massenprozent im Hartmetall auf die kritische Spanungsdicke. Der zweite dagegen berücksichtigt neben dem Wolframcarbidanteil $x_{WC,i}$ auch die mittlere WC-Korngröße $d_{WC,i}$. Der Index i gibt dabei wieder, dass mehrere Hartmetalle miteinander vergleichbar sind. Es ist aus der Gleichung ersichtlich, dass durch eine Steigerung des Kobaltanteils $x_{Co,i}$, der mittleren WC-Korngröße $d_{WC,i}$, sowie der kritischen Risszähigkeit $K_{C,i}$ die kritische Spanungsdicke vergrößert wird. Für das in dieser Arbeit eingesetzte Nanokornhartmetall CTN01L liefert die Formal nach WIRTZ eine kritische Spanungsdicke von 0,265 µm, was gegenüber der Gleichung von BIFANO ($h_{cu,krit}$ = 165 nm) nur eine geringfügige Vergrößerung darstellt, welche auf den sehr geringen Kobaltanteil von 0,25% zurückzuführen ist [WIRT18].

Nach weiterführenden Untersuchungen empfahl LIU für die duktile Zerspanung von sprödharten Werkstoffen die Verwendung von Schneidkantenverrundungen r_β, die kleiner als die unverformte kritische Spanungsdicke $h_{cu,krit}$ sein sollen. Außerdem muss die Zerspanung weiterhin unterhalb der unverformten kritischen Spanungsdicke $h_{cu,krit}$ erfolgen [LIUK07].

KURIYAMA ET AL. untersuchten den Einfluss von unterschiedlichen Anteilen an Kobaltbinder auf die Möglichkeit der Oberflächenbearbeitung mit optischen Eigenschaften mittels UP-Zerspanung mit monokristallinen Diamanten. Es konnte für beide Werkstoffe ein duktiler Materialabtrag nachgewiesen werden. Allerdings zeigten Ergebnisse auch, dass lediglich bei Hartmetallen mit geringem Binderanteil Oberflächen ohne Risse erzielt werden können. Der höhere Binderanteil führte zu deutlich höheren Rauheitswerten. Für die zwei verschiedenen Sorten werden kritische Spanungsdicken von 50 – 70 nm aufgeführt [KURI04].

Darauf aufbauende Untersuchungen beschäftigen sich vor allem mit dem Einfluss der Ultraschallunterstützung auf das Zerspanverhalten von Hartmetall. LIU ET AL. konnten in grundlegenden Arbeiten den positiven Einfluss zeigen und nachweisen, dass im Vergleich zur Bearbeitung ohne Ultraschallunterstützung die kritische Spanungsdicke bei der ultraschallunterstützen Bearbeitung hin zu größeren Werten verschoben wird [LIUK04]. Neben ähnlichen Erkenntnissen konnten BREH ET AL. aus Versuchen weiter festhalten, dass durch die Ultraschallunterstützung die Prozesskräfte reduziert werden und die Bearbeitungsergebnisse verbessert werden [BREH08].

Umfangreiche Untersuchungen zum Zerspanverhalten von binderlosem Nanokornhartmetall unter dem Einfluss von verschiedenen Frequenzen bei der ultraschallunterstützten Zerspanung mit Diamantwerkzeugen erfolgten durch BULLA. Dazu wurden die Experimente in zwei Blöcke unterteilt. Im ersten Teil wurden Hobelversuche ähnlich dem Einkornritzversuch durchgeführt. Die Experimente zeigten eine eindeutige Steigerung der kritischen Spanungsdicke durch die Ultraschallunterstützung. Darüber hinaus konnte eine positive Wirkung einer gesteigerten Ultraschallfrequenz auf die Spanbildung und die Oberflächenqualität nachgewiesen werden. Im zweiten Block wurden Plandrehversuche bei Variation der klassischen Prozessstellgrößen und der schwingungsspezifischen Parameter durchgeführt und die Möglichkeit der duktilen Bearbeitung und damit die Möglichkeit der Bearbeitung des Werkstoffes mit Rauheitswerten der Oberfläche im optischen Bereich nachgewiesen. Darauf aufbauend wurden technologische Richtlinien hinsichtlich der Parameterwahl aufgestellt, die an dieser Stelle zusammenfassend vorgestellt werden sollen:

- Die kritische Spanungsdicke $h_{cu,krit}$ darf nicht überschritten werden
- Die eingestellte Spanungsdicke h_{cu} sollte möglichst nahe an der kritischen Spanungsdicke liegen, um so die Schneidkantenbelastung so gering wie möglich zu halten
- Ein negativer Spanungswinkel γ des Werkzeugs ist zu vermeiden
- Die schwingungsspezifischen Prozessparameter sind so einzustellen, dass die Eingriffsdauer ED zwischen 10% und 20% und die Eintrittsgeschwindigkeit v_{ein} bei 200 bis 300 mm/s liegt
- Die Unterschallfrequenz f ist möglichst hoch zu wählen

Zusammenfassend kann festgehalten werden, dass alle Autoren die Möglichkeit zur duktilen Zerspanung von Hartmetall nachweisen konnten. Dazu darf eine bestimmte unverformte kritische Spanungsdicke nicht überschritten werden. Durch die Überlagerung der Schnittbewegung mit einer hochfrequenten Schwingung kann dieser Wert vergrößert werden; eine Erhöhung der Ultraschallfrequenz führt zu einer weiteren Steigerung. Allerdings zeigten sich in den Untersuchungen die Grenzen der Ultrapräzisionszerspanung von Hartmetall. Durch einen starken abrasiven Werkzeugverschleiß wird die bearbeitbare Fläche deutlich begrenzt.

2.3 Kühlschmierstoffe in der Fertigungstechnik

Cutting fluids in the field of production technology

Kühlschmierstoffe werden nach DIN 51385 als „Stoffe, die beim Trennen, teilweise beim Umformen von Werkstoffen zum Kühlen und Schmieren eingesetzt werden" definiert. Unter den Begriffen Umformen und Trennen sind eine große Anzahl verschiedener Fertigungsverfahren zusammengefasst. Kühlschmierstoffe haben dabei einen maßgeblichen Einfluss auf die Prozessleistung und den Werkzeugverschleiß zahlreicher Fertigungsverfahren. Dabei kommen ihnen folgende Hauptaufgaben zu:

- Verminderung der Reibung zwischen Werkzeug und Werkstück
- Verschleißminderung der Werkzeuge
- Abfuhr der Prozesswärme aus der Zerspanzone
- Transport von Spanmaterial aus der Zerspanstelle
- Reinigung und Temperierung von Maschinenkomponenten
- Korrosionsschutz von Werkstoff und Maschine

Die Abfuhr der entstehenden Prozesswärme aus der Kontaktstelle zwischen Werkzeug und Werkstück führt zu einer direkten Kühlung der Zerspanzone. Die Schmierung verringert die Reibung zwischen den beteiligten Prozesspartnern und führt zu einer Reduktion der Wärmeentstehung. Dadurch wird nicht nur die Temperaturbelastung der Schneide verringert, sondern auch eine Aufheizung der Werkstücke, was wiederum zu einer Wärmedehnung führen würde, minimiert.

Um den Kühlschmierstoff in die Zerspanzone zu bringen, werden zumeist zwei verschiedene Ansätze verwendet; bei einem kommt es zu einer Überflutung der Wirkstelle. Hierbei werden hohe Kühlschmierstoffvolumenströme, zumeist im Kreislauf, eingesetzt. Eine derart ausgelegte Zufuhr erfordert hohe Pumpenleistungen und große Kühlschmierstoffvolumina. Demgegenüber steht eine zielgerichtete und dosierte Verlustkühlschmierung, auch Minimalmengenschmierung genannt. Dabei wird meist ein geringer Volumenstrom des Kühlschmierstoffs mithilfe von Druckluft in die Zerspanzone transportiert. Bei der UP-Zerspanung mit monokristallinen Diamantwerkzeugen kommt ausschließlich diese Art der Kühlschmierung zum Einsatz [KLOC08].

Im nächsten Kapitel sollen die unterschiedlichen Kühlschmierstoffarten und deren Eigenschaften näher beleuchtet werden. Außerdem erfolgt die Vorstellung von gewonnenen Erkenntnissen aus den Bereichen der konventionellen Bearbeitung von Hartmetall und der Ultrapräzisionszerspanung von sprödharten Materialen.

2.3.1 Einteilung und Aufbau von Kühlschmierstoffen

Classification and compositions of cutting fluids

DIN 51385 unterteilt Kühlschmierstoffe in nichtwassermischbare, wassermischbare und wassergemischte Kühlschmierstoffe. Darüber hinaus werden wassermischbare Kühlschmierstoffe weiter in emulgierbare und wasserlösliche Kühlschmierstoffe und die wassergemischten weiter in Kühlschmier-emulsionen und Kühlschmierlösungen gegliedert. Dabei versteht man nach DIN 51385 unter einem nichtwassermischbaren Kühlschmierstoff einen, der vor der Anwendung nicht mit Wasser gemischt wird. Dagegen wird ein wassermischbarer Kühlschmierstoff als solcher bezeichnet, wenn er vor seinem Einsatz mit Wasser gemischt wird. Wird der wassermischbare Kühlschmierstoff mit Wasser gemischt, bezeichnet man diesen als wassergemischten Kühlschmierstoff und somit als wassermischbaren Kühlschmierstoff im Anwendungszustand. Die Abbildung 2-10 gibt diese Unterteilung wieder.

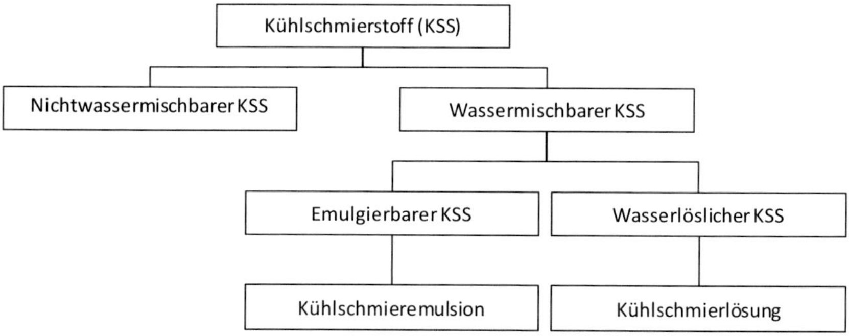

Abbildung 2-10: Unterteilung der Kühlschmierstoffe nach DIN 51385

Classification of cutting fluids by DIN 51385

Im Folgenden werden die begrifflichen Einteilungen der Kühlschmierstoffe, zuerst der nichtwassermischbaren und schließlich der wassermischbaren Kühlschmierstoffe, vorgenommen.

Nichtwassermischbare Kühlschmierstoffe

Im Allgemeinen werden nichtwassermischbare Kühlschmierstoffe bei Zerspanungsoperationen verwendet, bei denen die Schmierwirkung, also die Reduzierung von Reibung und Verschleiß, im Vordergrund steht. Als Beispiele seien hier das Räumen und das Gewindeschneiden genannt. Darüber hinaus zeichnet sich die Kühlschmierstoffklasse durch eine höhere Druckaufnahmefähigkeit im Gegensatz zu wassermischbaren Kühlschmierstoffen aus [BAUM96]. Als Basisöl kommen dabei neben Mineralölen auch synthetische Kohlenwasserstoffe, Polyglykole und Esteröle zum Einsatz [DIN11].

Die Unterteilung der nichtwassermischbaren Kühlschmierstoffe erfolgt nach den Zusatzstoffen, den Additiven. Die wichtigsten sind dabei Verschleißschutzadditive. Der Gehalt der verschiedenen Additive ist vom Einsatzzweck abhängig und schwankt von unter einem Prozent bis über 30%. Zumeist sollen durch den Gebrauch verschiedener Additive synergetische Effekte erzielt werden.

Die DIN 51520 enthält die Klassifizierung nichtwassermischbarer Kühlschmierstoffe, die bei der spanenden Bearbeitung oder bei der Umformung zum Kühlen und Schmieren eingesetzt werden:

- Kühlschmierstoffe ohne reibungsmindernde und/oder Extreme-Pressure-Zusätze
- Kühlschmierstoffe mit reibungsmindernden Zusätzen
- Kühlschmierstoffe mit EP-Zusätzen, chemisch inaktiv
- Kühlschmierstoffe mit EP-Zusätzen, chemisch aktiv
- Kühlschmierstoffe mit reibungsmindernden Zusätzen und EP-Zusätzen, chemisch inaktiv
- Kühlschmierstoffe mit reibungsmindernden Zusätzen und EP-Zusätzen, chemisch aktiv

Wassermischbare Kühlschmierstoffe

Der Einsatzbereich von wassermischbaren Kühlschmierstoffen liegt bei der spanenden Bearbeitung, wenn dort eine ausgeprägte Kühlwirkung erforderlich ist [MÖLL02]. Diese Kühlschmierstoffklasse verbindet die Schmierfähigkeit ölhaltiger Stoffe mit dem ausgezeichneten Wärmeabführungsvermögen von Wasser und wird in folgende Gruppen unterteilt [DIN11] [BAUM96]:

- Emulgierbare Kühlschmierstoffe (mineralölhaltig)
- Emulgierbare Kühlschmierstoffe mit Wirkstoffen zum Herabsetzten der Reibung und/oder zur Erhöhung der Zerspanungs- oder Umformleistung (mit EP-Effekt, mineralölhaltig)
- Wasserlösliche Kühlschmierstoffe (mineralölfrei)
- Wasserlösliche Kühlschmierstoffe mit Wirkstoffen zum Herabsetzten der Reibung und/oder zur Erhöhung der Zerspanungs- und Umformleistung (mit EP-Effekt, mineralölfrei)

Wie in Abbildung 2-10 dargestellt, erfolgt eine weitere Einteilung in emulgierbare und wasserlösliche Kühlschmierstoffe. Für einen besseren Überblick über die Unterschiede zwischen den beiden Gruppen werden diese im Folgenden detaillierter beschrieben und verglichen.

Emulsionen stellen ein disperses System dar, bei dem mithilfe eines Emulgators zwei normalerweise nicht mischbare Flüssigkeiten ohne sichtbare Entmischung fein verteilt werden. Dabei bildet das Basisöl die innere Phase, die sich in der Trägerflüssigkeit Wasser verteilt. Die Emulgatoren verringern dabei die Oberflächenspannung der im Wasser schwebenden Öltröpfchen und verhindern die Vereinigung der Öltröpfchen.

Kühlschmierlösungen dagegen entstehen durch das Mischen von Wasser mit einem organischen und/oder anorganischen Stoff [ECKH81]. Die Gleichheit der an den Grenzflächen wirkenden Kräfte der unterschiedlichen Medien verhindert eine dauerhafte Ausbildung von Grenzflächen und deshalb können beide Flüssigkeiten auch ohne Emulgator in Lösung gehen.

Kühlschmierlösungen besitzen im Allgemeinen die Fähigkeit, Fremdöl abzuspalten und sind resistenter gegen Mikroorganismen als Kühlschmieremulsionen. Sie besitzen dadurch eine längere Standzeit. Ihre entscheidenden Nachteile in der technischen Anwendung sind jedoch das Verursachen von Verklebungen, das Abwaschen von Schmierfilmen und das Angreifen von Lackarten und bestimmten Dichtungen. Der wichtigste Grund jedoch, weshalb in der spanenden Fertigung im Allgemeinen Kühlschmieremulsionen und nicht Kühlschmierlösungen eingesetzt werden, ist die aus ihrer Verwendung resultierende höhere Zerspanleistung. Zudem besitzen Kühlschmieremulsionen eine bessere

Schmierwirkung, eine höhere Korrosionsschutzleistung und ein größeres Transportvermögen für Späne und andere Fremdstoffe [BAUM96, MÜLL00].

2.3.2 Chemische Zusammensetzung von wassermischbaren Kühlschmierstoffen

Chemical composition of water based cutting fluids

Die durch den Anwendungsfall definierten Anforderungen an die Eigenschaften des Kühlschmierstoffes lassen sich in der Regel nur durch die Zugabe einer Vielzahl verschiedenster Stoffe erfüllen. Dabei lassen sich die Inhaltsstoffe in Primär- und Sekundärstoffe unterteilen. Zu den Primärstoffen gehören dabei neben den Basisstoffen auch die verschiedenartigen Additive, die einen maßgeblichen Einfluss auf die Eigenschaften des Kühlschmierstoffes haben. Die Unterteilung ist aus Abbildung 2-11 ersichtlich. Im Folgenden werden daher zuerst die einzelnen Stoffgruppen jeweils kurz vorgestellt und anschließend auf den Bereich der grenzflächenaktiven Stoffe eingegangen. Abschließend sollen Erkenntnisse aus unterschiedlichen Bereichen über den Einfluss des Kühlschmiermediums auf das Bearbeitungsergebnis vorgestellt werden. Eine detailliertere Betrachtung der Eigenschaften der unterschiedlichen Stoffe erfolgt im Kapitel 5.

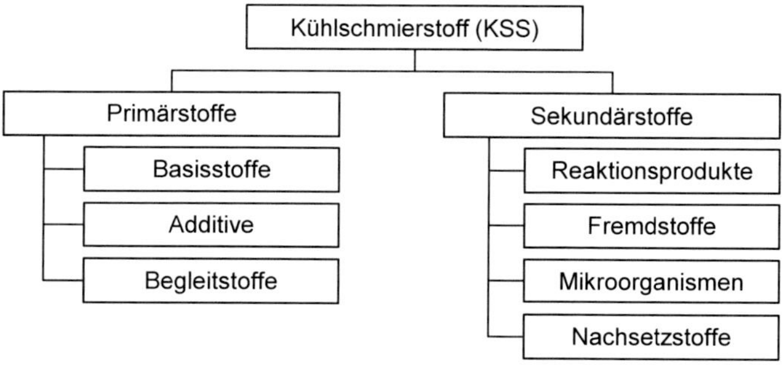

Abbildung 2-11: Zusammensetzung von Kühlschmierstoffen [DETT06]

Compositions of cutting fluids [DETT06]

Primärstoffe

Unter dem Begriff Primärstoffe werden alle Stoffe zusammengefasst, die im verwendungsfertigen, aber noch unbenutzten Zustand im Kühlschmierstoff vorhanden sind. Eine Einteilung erfolgt weiter in Basisstoffe, Additive und Begleitstoffe [BOVE10].

Zu den Basisstoffen der wassermischbaren Kühlschmierstoffe gehören Wasser und Öl. Die Zusammensetzung und die chemischen Eigenschaften der Basisstoffe bestimmen die typischen Eigenschaften wie Viskosität, Dichte, Flüchtigkeit, die Löslichkeitseigenschaften [BOVE10].

Wasser bildet mit einem Massenanteil von 90 bis 97% den Hauptbestandteil der wassergemischten Kühlschmierstoffe. Einen maßgeblichen Einfluss auf die Eigenschaften des gemischten Kühlschmierstoffes haben vor allem die Wasserhärte und der pH-Wert. Die Härte des Wassers beschreibt die Äquivalenzkonzentration der im Wasser gelösten Ionen von Calcium, Magnesium und anderer

Schwermetalle wie Eisen und Mangan und hat einen unmittelbaren Einfluss auf die Schaumbildung [BOVE10]. Der pH-Wert dagegen beeinflusst unter anderem das mikrobische Wachstum, das Korrosionsschutzpotenzial und die Verträglichkeit mit der menschlichen Haut und ist dabei so definiert, dass reine Salzsäure einen pH-Wert von null, eine neutrale Lösung einen pH-Wert von sieben und eine reine Natronlauge einen pH-Wert von 14 aufweist [MÖLL02].

Es existiert eine Vielzahl verschiedener Öle, die als Basisstoffe zum Einsatz kommen und die einen maßgeblichen Einfluss auf die Eigenschaften des Kühlschmierstoffes haben. Als Beispiel seien hier Öle auf Mineralölbasis oder synthetische organische Verbindungen, auch „Syntheseöle" genannt. Mineralöle bestehen dabei aus Kohlenwasserstoffverbindungen und werden durch Destillation und Raffination aus Rohöl hergestellt. Synthetische organische Verbindungen dagegen werden aus chemisch einheitlichen, genau definierten Verbindungen durch chemische Reaktion erzeugt und erlauben durch eine Variation der Reaktionsbedingungen eine genaue Einstellung der Eigenschaften. Dabei unterscheidet man diese Gruppe weiter zwischen synthetischen Esterölen und synthetischen Kohlenwasserstoffverbindungen.

Additive sind Zusatzstoffe, die Kühlschmierstoffen in geringem Maße zugesetzt werden, um durch ihre chemischen und physikalischen Eigenschaften bestimmte Gesamteigenschaften zu erreichen oder zu verbessern. Sie werden dafür eingesetzt, einen positiven Effekt auf Herstellung, Lagerung oder Produkteigenschaften während und nach der Gebrauchsphase zu erreichen. Als Beispiele seien Löslichkeitsvermittler, Steigerung der Löslichkeit durch Herabsetzung der Grenzflächenspannung sowie Tenside zur Herabsetzung der Grenzflächenspannung zwischen der Öl- und der Wasserphase genannt.

Begleitstoffe sind Verbindungen, die als unbeabsichtigte Nebenprodukte technisch synthetisierter Chemikalien in den Kühlschmierstoff eingebracht werden. Dabei können auch hinsichtlich der Umweltverträglichkeit bedenkliche Verbindungen entstehen [RAHE99].

Sekundärstoffe

Sekundärstoffe gelangen erst während des Einsatzes in den Kühlschmierstoff. Dies geschieht entweder darüber, dass sie in selbigen eingetragen werden oder sich in der Gebrauchslösung bilden. Sie können zum Beispiel bei katalytischen oder thermischen Abbaureaktionen von Additiven entstehen. Die Sekundärstoffe werden dabei in die vier Gruppen Reaktionsprodukte, Fremdstoffe, Mikroorganismen und Nachsetzstoffe unterteilt.

Reaktionsprodukte entstehen durch die Reaktion anderer Stoffe miteinander. Sie werden zum Beispiel durch eine katalytische Reaktion an der Metalloberfläche, thermische Zersetzung oder Abbaureaktionen von Mikroorganismen gebildet [PFEI96].

Fremdstoffe gelangen unbeabsichtigt oder durch Nachlässigkeit in den Kühlschmierstoff. Als Beispiele seien hier Hydraulikflüssigkeiten, Oberflächenreiniger und andere feste Fremdstoffe wie Metallpartikel, die durch den Werkstoff und das Bearbeitungsverfahren beeinflusst werden, oder abrasive Teilchen, die durch das Werkzeugmaterial und das Bearbeitungsverfahren eingebracht werden, genannt [BOVE10].

Mikroorganismen wie Bakterien, Pilze und Hefe werden von außen unabsichtlich in den Kühlschmierstoff eingebracht. Die mittlere Umlauftemperatur von circa 40 °C schafft optimale Voraussetzungen für das Wachstum und die Vermehrung der Mikroorganismen [SIEG00]. Zudem besitzen die Kühlschmierstoffe durch Späne und Stäube eine große Reaktionsoberfläche. Darüber hinaus sind die gewünschten Nährelemente der Mikroorganismen wie Kohlenstoff, Phosphat und Schwefel zumeist im Kühlschmierstoff vorhanden. Um das Wachstum der Mikroorganismen zu unterbinden, werden Konservierungsmittel, wie beispielsweise Biozide, eingesetzt.

Nachsetzstoffe dienen als Korrekturstoffe, um die gewünschten Eigenschaften der Kühlschmierstoffe wiederherzustellen. Diese sind zum Beispiel Wasser, Kühlschmierstoffkonzentrat oder pH-Wert regulierende Zusätze. Alle diese Stoffe werden dem gebrauchten Kühlschmierstoff zugeführt, falls die gemessenen Ist-Werte außerhalb der Soll-Werte liegen.

2.3.3 Grenzflächenaktive Stoffe und Rehbinder-Effekt

Surface active agents and Rehbinder-effect

Kühlschmierstoffe können einen positiven Einfluss auf den Zerspanungsprozess haben und die mechanische Bearbeitung von amorphen und kristallinen Feststoffen erheblich erleichtern. Dadurch werden manche Prozesse erst wirtschaftlich möglich [BOVE10]. Dazu werden dem Kühlschmierstoff eine Vielzahl von unterschiedlichen Stoffen zugeführt, um ihn so auf die jeweilige Aufgabe anzupassen und die Zerspanzone zu beeinflussen. Eine Möglichkeit stellen dabei grenzflächenaktive Stoffe dar, die in diesem Kapitel näher beschrieben werden sollen.

Grenzflächenaktive Stoffe sind im Allgemeinen Substanzen, die sich an der Grenzfläche, das heißt an der Schnittstelle zweier normalerweise nicht miteinander mischbarer Phasen, anreichern können und zu einer Verringerung der Grenzflächenenergie führen [GERT06]. Bei flüssigen Phasen werden diese Stoffe auch Emulgatoren genannt und bewirken, dass sich zum Beispiel Öl und Wasser zu einem fein verteilten Gemisch, einer sogenannten Emulsion, vermengen und stabilisieren lassen. Darüber hinaus zeigen Untersuchungen, dass es Stoffe gibt, die sich an Festkörpergrenzflächen anlagern und eine physikalische und chemische Wechselwirkung mit eben diesen eingehen. Die Absorption eines solchen Stoffes kann eine Oberfläche stärker beeinflussen als eine chemische Reaktion [SCHU10].

REHBINDER erkannte als erster in grundlegenden Untersuchungen, dass sich die Verformbarkeit von Einkristallen durch grenzflächenaktive Stoffe beeinflussen lässt. Er führte Dehnungsversuche bei konstanten Verformungsgeschwindigkeiten und Spannungen durch und erkannte dabei, dass die Anwesenheit eines grenzflächenaktiven Stoffes die Widerstandskraft der untersuchten Einkristalle gegenüber Verformung herabsetzte. Die Fließgrenze wird etwa um das Zweifache erniedrigt und die Anfangsgeschwindigkeit des plastischen Fließens etwa um das 5- bis 10-fache erhöht. Nach seinem Entdecker wird dieser Effekt als „Rehbinder-Effekt" bezeichnet [Rehbinder].

SHCHUKIN hat eine Reihe von Experimenten hinsichtlich des „Rehbinder-Effekts" durchgeführt und diesbezüglich den Einfluss unterschiedlicher gasförmiger sowie flüssiger Medien auf verschiedenen Feststoffoberflächen untersucht. Er konnte dabei den Effekt auf Materialien mit ionischen, kovalenten, metallischen oder molekularen Bindungseigenschaften nachweisen. Die deutlichste Reduzierung der mechanischen Festigkeit hat SHCHUKIN auf ionischer, polaren Oberflächen durch die Adsorption von polaren Medien erzielen können [SHCH06].

SHCHUKIN erarbeitete darüber hinaus in weiteren Untersuchungen einen Zusammenhang zwischen der Verringerung der mechanischen Festigkeit und der Polarität des umgebenden Mediums und erkannte, dass das Herabsetzen der mechanischen Festigkeit umso höher ist, je mehr sich die Polaritäten des Feststoffs und des Mediums ähneln [SHCH06].

Weitere Untersuchungen erfolgten durch MALKIN. Dieser testete dabei gezielt den Einfluss von grenzflächenaktiven Medien auf Feststoffe mit ionischen Bindungen. Dabei erkannte er, dass ionische Feststoffe, wie Metalloxide, zwar eine hohe chemische Affinität gegenüber polaren Medien, wie Wasser, aufweisen, die Reaktion aber bei niedrigen Temperaturen vernachlässigbar langsam abläuft. Durch die Deformationen des Feststoffes konnte die Reaktion jedoch deutlich beschleunigt werden. Es kommt in diesem Fall zu einer Hydrolyse, also einer Spaltung von chemischen Verbindungen durch die Reaktion mit Wasser. Die Hydrolyse kann dementsprechend im entfernteren Sinne als eine Variante des „Rehbinder-Effektes" betrachtet werden.

MALKIN schlussfolgerte aus seinen Untersuchungen auch, dass die Verringerung der Grenzflächenenergie nicht der einzige Grund für die Reduzierung der Festigkeit sein kann, sondern nur dann zu einer Reduzierung der mechanischen Festigkeit führen kann, wenn noch andere Voraussetzungen gegeben sind [MALK11]. Insgesamt zählt er folgende Voraussetzungen auf:

- Eine Verringerung der Grenzflächenenergie zwischen dem Feststoff und dem Fluid
- Spannungseinwirkungen auf das Feststoffmaterial
- Die kinetische Möglichkeit der grenzflächenaktiven Moleküle, in die Bruchstellen (Risse) eindringen zu können [SHCH06]

Tritt ein grenzflächenaktives Medium in einen Riss ein, breitet es sich bis zu den engsten Stellen entlang der beiden Spaltoberflächen aus. Diese Ausbreitung erfolgt so lange, bis sie aufgrund der Moleküldimension nicht mehr möglich ist. Somit kann die kritische Rissöffnung bis zu einem doppelten Durchmesser der adsorbierten Moleküle betragen. Der Oberflächendruck im Rissinneren sowie die Verringerung der durch die Adsorption induzierten Grenzflächenenergie erleichtern eine Verformung bis hin zu einem Bruch des Feststoffes. Da die Zeit während einer Bearbeitung in der Regel nicht ausreicht, um die grenzflächenaktiven Moleküle vollständig in den Riss eindringen zu lassen, spielt der Benetzungsgrad der Feststoffstoffoberfläche eine entscheidende Rolle [LICH94].

Durch die Benetzung der Feststoffoberfläche kann der Riss auch nach der Entlastung durch die Diffusion des grenzflächenaktiven Mediums weitergetragen werden und eine Risserweiterung bewirken, was zur Folge hat, dass ein Material mit geringerem Aufwand zerspant werden kann. In Abbildung 2-12 wird diese Risserweiterung schematisch dargestellt. Durch die Anlagerung des grenzflächenaktiven Mediums wird die Energie, die benötigt wird, um die Feststoffbindungen voneinander zu trennen, herabgesetzt. Die Kohäsionskräfte des Feststoffs werden reduziert und können demgemäß eine Risserweiterung begünstigen. Dieser Vorgang wird auch als Risspenetration bezeichnet [MALK11].

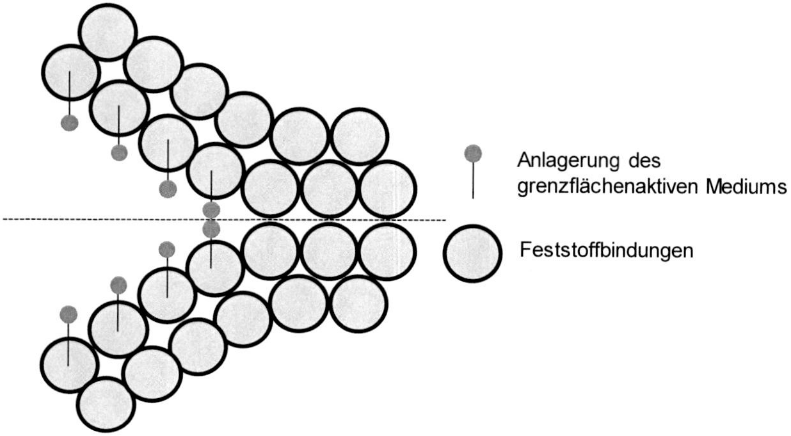

Abbildung 2-12: Schematische Darstellung einer Risserweiterung
Schematic representation of a crack extension

Die Risspenetration kann jedoch nur unter der Voraussetzung, dass das Fluid die Rissstelle benetzt, eintreten. Dabei kann eine mikroskopische Rissstelle als Kapillare beschrieben werden. Der Kapillardruck ist jedoch nur unter einem konkaven Meniskus, der sich lediglich bei einer Benetzung zwischen Fluid und Feststoffoberfläche ausbildet, negativ. Nur in diesem Fall wird das Fluid in die Kapillare gesaugt [MOLL99].

2.3.4 Erkenntnisse über den Einfluss des Kühlschmierstoffes bei der Bearbeitung sprödharter Materialien

Findings about the influence oft he cutting fluid while machining of hard and brittle materials

Der Auswahl des Kühlschmierstoffes fällt in der spanenden Bearbeitung eine wichtige Rolle zu. Zumeist zielt der Einsatz auf eine gute Spanabfuhr sowie eine Reduzierung der vorherrschenden Prozesskräfte ab. Nachdem im letzten Kapitel die wissenschaftlichen Grundlagen gegeben wurden, sollen in diesem Kapitel einige Beispiele zum Einfluss des Kühlschmierstoffes auf das Bearbeitungsergebnis dargestellt werden.

RÜBENACH untersuchte in seiner Arbeit vier verschiedene Kühlschmierstoffe auf ihre Eignung für die schwingungsunterstützte Zerspanung des Glases KzFSN4. Dabei wiesen die Medien stark unterschiedliche Charakteristika hinsichtlich ihrer Verdampfungsenthalpie, spezifischer Wärmekapazität und kinematischer Viskosität auf. Bei den Versuchen zum Verschleißverhalten der Diamantwerkzeuge zeigte sich, dass die Kühlleistung keine Reduktion des Verschleißes bewirkte, sondern eine Erhöhung der Viskosität einen positiven Einfluss hat. Thermische Effekte durch innere und äußere Reibungsvorgänge scheinen demnach nicht relevant zu sein. Eher beruht der Verschleiß des Diamanten mehr auf mechanischen Vorgängen und lässt sich daher eher durch eine Reibungsverringerung beeinflussen. Darüber hinaus wurde auch die kritische Spanungsdicke durch den Einsatz des hochviskosen Mediums zu größeren Schnitttiefen verschoben, sodass eine Schädigung erst bei höheren Schnitttiefen eintritt und zu einer verschlechterten Rauheit führt [RUEB01].

Der Einfluss von unterschiedlichen Kühlschmierstoffen auf die kritische Spanungsdicke vom Glaswerkstoff BK7 wurde durch PENG untersucht. Dabei zeigte sich, dass die kritische Spanungsdicke durch den Einsatz von Borsäure im Gegensatz zur Trockenbearbeitung deutlich gesteigert werden konnte. Darüber hinaus stieg die kritische Spanungsdicke mit zunehmender Konzentration von Borsäure bis zu einem Maximum bei 4% an; anschließend sank der kritische Wert wieder ab. Ein Phänomen, was nicht weiter untersucht wurde [PEN14a]. Ein ähnlichenrAnstieg zeigte sich bei den Untersuchungen von SF6 und einer Natriumcarbonatlösung [PEN14b].

Ein alternativer sprödharter Werkstoff, Saphir, und den Einfluss des Kühlschmierstoffes auf die abrasive Bearbeitung wurde durch VOLOSHIN untersucht. Dazu wurden unterschiedliche Lösungen aus Wasser und HNO_3 (sauer) bzw. NH_4OH (alkalisch) sowie pures Wasser als Referenz verwendet. Die Ergebnisse zeigten, dass bei Verwendung der sauren Lösung die Abtragrate um den Faktor 1,8 vergrößert wurde; bei der alkalischen Lösung um 1,4. Dieser Einfluss wurde neben den chemischen Einflüssen auch auf eine Verringerung der Härte des Saphirs zurückgeführt [VOLO13].

Bei der UP-Zerspanung von Silizium wurde der Einfluss von DURAZO-CARDENAS und YAN untersucht. Shore untersuchte den Einfluss von zwei Kühlschmiermitteln auf Wasser- bzw. Ölbasis auf die Lebensdauer der Werkzeuge und die Normalkraft während der Zerspanung. Dabei zeigte sich, dass die hohe Wärmekapazität des wasserbasierenden Kühlschmierstoffes zu einer deutlich höheren Lebensdauer und weiter zu geringeren Normalkräften während der Zerspanung führte [DUR07]. Weitere Untersuchungen zum Einfluss von zwei verschiedenen Kühlschmierstoffen, Kerosin und Wasser, und Luftkühlung auf die kritische Spanungsdicke, die erzeugbare Oberflächenrauheit sowie auch die Lebensdauer der Werkzeuge wurden von YAN durchgeführt. Dieser erkannte, dass die Oberflächenrauheit nicht vom Umgebungsmedium abhängt; die kritische Spanungsdicke und die Lebensdauer der Werkzeuge aber sehr wohl. Auch zeigte er, dass Wasser höhere Lebensdauern im Vergleich zur Luftkühlung und dem Einsatz von Kerosin lieferte. Bei der kritischen Spanungsdicke zeigte sich ein umgekehrtes Ergebnis. Den höchsten Wert lieferte die Luftkühlung, gefolgt von Kerosin und Wasser [YAN03].

Versuche mit unterschiedlichen Hartmetallsorten und die Einflüsse des pH-Wertes des Umgebungsmediums auf die Verschleißrate und den Reibungskoeffizienten μ wurden von ENGQVIST durchgeführt. Dabei stellte sich heraus, dass der Kobaltbinder in wässrigen Lösungen mit niedrigem pH-Wert in Lösung ging. Der Reibungskoeffizient zeigte keinen Unterschied für das binderlose Hartmetall und das auf NiCo-Basis. Bei dem Werkstoff auf Co-Basis dagegen zeigte sich eine Verringerung des Reibungskoeffizienten μ bei höheren pH-Werten [ENGQ00].

LIAO zeigte in seinen Untersuchungen, dass bei der Zerspanung von unterschiedlichen Hartmetallsorten mit monokristallinen Diamantwerkzeugen der Kühlschmierstoff sowohl einen Einfluss auf den Verschleiß der Werkzeuge als auch auf die Oberflächenrauheit hat. Dabei zeigte eine Trockenbearbeitung den geringsten Verschleiß, aber auch die höchste Oberflächenrauheit. Die Rauheit über dem

Schnittweg konnte durch den Einsatz eines nicht näher benannten Fluiden deutlich reduziert werden [LIAO11].

Untersuchungen zum Einfluss des Kühlschmierstoffes auf das Bearbeitungsergebnis bei der Zerspanung von Hartmetall wurden von BERTALAN durchgeführt. Dabei kamen neben der ungekühlten Zerspanung auch Druckluftkühlung und Öl-in-Wasser-Emulsion zum Einsatz. Die Kühlung bewirkte, dass die Werkzeugtemperatur im Schnitt 40 °C geringer war als ohne, was vor allem auf die schnellere Wärmeabfuhr zurückzuführen ist. Beim ungekühlten Prozess gingen sinkende Passivkräfte mit einer steil ansteigenden Werkzeugtemperatur einher. Im Falle der anderen Untersuchungen konnte so ein Verhalten nicht festgestellt werden. In weiteren Versuchen zeigte sich, dass sowohl die Emulsion als auch die Druckluft als Kühlmedium eine erhebliche Verringerung des Verschleißes im Vergleich zur ungekühlten Prozessführung ermöglichten. Eine Untersuchung hinsichtlich der kritischen Spanungsdicke oder der erreichbaren Rauheiten fand nicht statt. [BERT07]

Untersuchungen von JIA belegen den Einfluss des eingesetzten Kühlschmierstoffes auf die kritische Spanungsdicke von zwei unterschiedlichen Glassorten, BK7 und SF6. Bei der Zerspanung von BK7 stieg die kritische Spanungsdicke mit steigender Konzentration der Borsäure und bei SF6 mit steigender Konzentration der Natriumcarbonatlösung. Bei beiden Untersuchungen kamen Hobelversuche zum Einsatz [JIA13a], [JIA13b].

Weitere Untersuchungen zu den unterschiedlichen Einflüssen auf die duktile Zerspanung von Glas wurden durch FÄHNLE durchgeführt. Er zeigte, dass der eingesetzte Kühlschmierstoff einen Einfluss auf die kritische Spanungsdicke hat. So führte der Einsatz von Wasser im Vergleich zu Luft zu deutlich erhöhten Werten der kritischen Spanungsdicke. Beim Fluid-Jet-Polieren wies er darüber hinaus auch den Einfluss der kinetischen Energie der Abrasivpartikel auf die kritische Spanungsdicke nach. [FÄHN98]

2.3.5 Fazit aus dem Stand der Technik

Conclusions of the state of the art

In vielen Bereichen hat sich die Ultrapräzisionszerspanung als hochgenaues Endbearbeitungsverfahren einer Vielzahl von Werkstoffen etabliert. Durch die Prozessmodifikation der Ultraschallunterstützung kann die Grenze der bearbeitbaren Materialien zum Teil aufgehoben werden und beispielsweise Stahl direkt zerspant werden. Eine Bearbeitung von beispielsweise Hartmetall ist aber aufgrund des signifikanten Werkzeugverschleißes nur in Grenzen möglich.

Für die optische Bearbeitung eines sprödharten Materials wie Hartmetall ist ein duktiler Zerspanprozess unumgänglich. Dafür gibt es zwei Grundvoraussetzungen, die einzuhalten sind: Zum einen muss eine Druckspannung in die Zerspanzone induziert werden und zum anderen darf die Spanungsdicke einen materialspezifischen kritischen Wert nicht überschreiten. Eine Gleichung zur Bestimmung dieses materialabhängigen Übergangspunktes von duktilem zu sprödem Materialverhalten lieferte BIFANO, indem er den Elastizitätsmodul, die Härte und die Bruchzähigkeit in Beziehung setzte. Allerdings zeigen Untersuchungen, dass die Einflüsse auf die kritische Spanungsdicke deutlich vielseitigerer Natur sind, als es die Gleichung nach BIFANO prognostiziert.

In vielen Untersuchungen konnte bereits der positive Einfluss des eingesetzten Kühlschmierstoffes und der Ultraschallunterstützung auf den Zerspanprozess von sprödharten Materialien wie Glas oder Hartmetall nachgewiesen werden.

3 Zielsetzung und Aufgabenstellung

Objective and description of work

Der Stand der Technik zeigt, dass eine Herstellung von Oberflächen mit optischen Eigenschaften in sprödharten Materialien, wie zum Beispiel Hartmetall oder Glas, mittels Zerspanung mit Diamantwerkzeugen unter bestimmten Bedingungen und in Grenzen möglich ist. Für die Herstellung von solchen Oberflächen ist ein duktiles Zerspanverhalten unumgänglich. Dazu sind zwei Grundvoraussetzungen einzuhalten: Auf der einen Seite muss in die Zerspanzone eine Druckspannung induziert werden, die nach dem Modell von MOHR dazu führt, dass die Schubfließgrenze vor der Schubbruchgrenze erreicht wird und so eine lokale plastische Verformung ohne trennende Rissbildung im Material erfolgt. Durch den Einsatz von Werkzeugen mit einem negativen Spanwinkel oder der Ultraschallunterstützung kann dieser Zustand mit überschaubarem Aufwand eingestellt werden und ist in unterschiedlichen Veröffentlichungen behandelt worden. Anders sieht es bei der zweiten Grundvoraussetzung aus, wonach die Spanungsdicke einen materialspezifischen Wert nicht überschritten werden darf, da sich oberhalb dieser Grenze ein Sprödbruch einstellt und durch den Prozess eingebrachte Risse bis in das Grundmaterial vordringen. Zur Bestimmung dieser Grenze vom duktilen zu sprödem Materialverhalten wird zumeist auf die Gleichung nach BIFANO zurückgegriffen, die die Werkstoffkennwerte Härte, Bruchzähigkeit und E-Modul für die Berechnung der kritischen Spanungsdicke nutzt. Allerdings zeigen Untersuchungen, dass die Einflüsse deutlich vielfältiger sind als die Gleichung prognostiziert. Um den Prozess der duktilen Zerspanung von Hartmetall genauer verstehen zu können, ist es unumgänglich, die vielfältigen Einflüsse auf diesen materialspezifischen Grenzwert zu untersuchen.

Ziel dieser Arbeit ist es, ein erstes Verständnis zu den umfangreichen Einflussfaktoren auf die duktile Zerspanung von Hartmetall mit monokristallinen Diamantwerkzeugen zu erlangen und damit weitergehende Untersuchen zu ermöglichen. Diesem Ziel liegt die Forschungshypothese zugrunde, dass durch die prozesstechnische Analyse der Einflussfaktoren auf die duktile Zerspanbarkeit von Nanokorn-Hartmetall mit monokristallinen Diamantwerkzeugen die Grenzen der Bearbeitung erkannt und die Erkenntnisse für eine wirtschaftliche Bearbeitung genutzt werden können. Als Ergebnis wird ein auf empirischen Daten basierendes Berechnungsmodell zur Beschreibung des Übergangspunktes von duktilem zu sprödem Materialverhalten bereitgestellt.

Nach der Einleitung (Kap. 1) und dem Stand der Technik (Kap. 2) beschäftigt sich Kapitel 4 mit der Eingrenzung des Versuchsraumes. Zu Beginn werden die Werkzeuge aus monokristallinem Diamanten näher charakterisiert, bevor im Anschluss die eingesetzten Kühlschmierstoffe und Hartmetalle detailliert werden. Die Kühlschmierstoffe gehören verschiedenen chemischen Stoffgruppen an und unterscheiden sich in ihren Eigenschaften unter anderem hinsichtlich des pH-Wertes und der Wärmeleitfähigkeit. Als Versuchswerkstoffe werden neben dem Nanokornhartmetall CTN01L für die abschließenden drehtechnischen Validierungsversuche noch drei weitere Hartmetalle gewählt, die sich jeweils in dem Kobaltgehalt und der Korngröße unterscheiden. Zum Abschluss des Kapitels werden die eingesetzten Messmittel vorgestellt.

In Kapitel 5 wird der Einfluss der Kühlschmierstoffeigenschaften, der Schnittgeschwindigkeit, der Prozessmodifikation durch die Ultraschallunterstützung sowie der Werkzeugparameter Radius und

Spanwinkel auf die kritische Spanungsdicke mittels Hobelversuchen untersucht. Als Bewertungsgröße dient jeweils der Übergangspunkt von duktilem zu sprödem Werkstoffverhalten. Als Versuchswerkstoff dient in allen Versuchen lediglich das Nanokorn-Hartmetall CTN01L, da die anderen Hartmetalle durch ihren höheren Kobaltbinderanteil und den daraus abgeleiteten metallähnlichen Eigenschaften kritische Spanungsdicke von zweistelligen μ-Metern besitzen. Alle Ergebnisse werden zuerst in Einzelformeln beschrieben, die zum Abschluss des Teilkapitels in ein empirisches Berechnungsmodell zusammengefasst werden. Durch die Aufteilung der Erkenntnisse in Einzelformeln wird berücksichtigt, dass sich die Eigenschaften der Kühlschmierstoffe nicht diskret einstellen lassen. Außerdem wird ein Prozessmodell zum Einfluss der Eingangsgrößen auf die Zerspanung aufgestellt. Anschließend erfolgt in dem Kapitel die Untersuchung zum Einfluss der Eingangsgrößen auf die in den Nuten erzeugte Rauheit. Dadurch werden die beiden wirtschaftlichen Bewertungsgrößen Rauheit und Zeitspanungsvolumen berücksichtigt. Die Abhängigkeit von der erzielten Rauheit von den Eingangsgrößen wird wiederum in einem empirischen Berechnungsmodell beschrieben.

Zur weiteren Bewertung des Einflusses der eingesetzten Eingangsgrößen werden in Kapitel 6 die vier Hartmetalle unter konstanten Schnittbedingungen und bei gleichbleibenden Schnittlängen mittels konventioneller und ultraschallunterstützter Zerspanung mit Diamantwerkzeugen in einem Drehprozess zerspant. Als Ausgangsgröße dient in diesem Kapitel die Mittenrauheit, die Oberflächenqualität charakterisiert durch Ausbrüche und Defekte sowie die Werkzeugstandzeit. Zur weiteren Validierung der Erkenntnisse werden Demonstratoren mittels Diamantdrehen bearbeitet.

Kapitel 7 fasst die wesentlichen Erkenntnisse der Arbeit zusammen und gibt einen Ausblick auf mögliche weitere Forschungsarbeiten.

4 Systemabgrenzung und Vorgehensweise

System demarcation and approach

Dieses Kapitel beschäftigt sich mit der Prozessabgrenzung und beschreibt darüber hinaus den Aufbau und das Vorgehen der einzelnen Untersuchungen. Eine Eingrenzung der Versuche ist aufgrund der unüberschaubaren Menge an möglichen Kombinationen aus Grundsubstanzen und Prozessstellgrößen unumgänglich. In der UP-Zerspanung werden fast ausschließlich monokristalline Diamanten eingesetzt. Das Material und die Werkzeugeigenschaften werden in diesem Kapitel zuerst vorgestellt. Anschließend erfolgt die Auswahl und Charakterisierung der eingesetzten Hartmetalle. Danach werden die unterschiedlichen Untersuchungen beschrieben, bevor das Kapitel mit der Beschreibung der Maschine und der verwendeten Messmittel abgeschlossen wird. Die Auswahl und Charakterisierung der Kühlschmierstoffe erfolgt losgelöst von diesem Kapitel in Kapitel 5.

4.1 Monokristalliner Diamant als Schneidstoff

Single crystal diamond as tooling material

Diamant ist eine metastabile, kubische Modifikation des Kohlenstoffs und das härteste Material, das in der Natur zu finden ist. Kohlenstoff steht im Periodensystem in der vierten Hauptgruppe und besitzt die Fähigkeit, komplexe Moleküle zu bilden. Dabei weist er von allen chemischen Elementen die größte Vielfalt an chemischen Verbindungen auf. Neben der Diamantstruktur sind weitere Modifikationen das Graphit oder das Graphen.

Die Elementarzelle des Diamanten besteht aus acht Kohlenstoffatomen. Vier Atome davon bilden ein kubischflächenzentriertes (kfz) Gitter. Die restlichen vier bilden ein zweites Gitter, wobei sie auf den Mitten der Achtelwürfel liegen. Somit ist das zweite gegenüber dem ersten Gitter um 1/4 ihrer Länge verschoben (Abbildung 4-1).

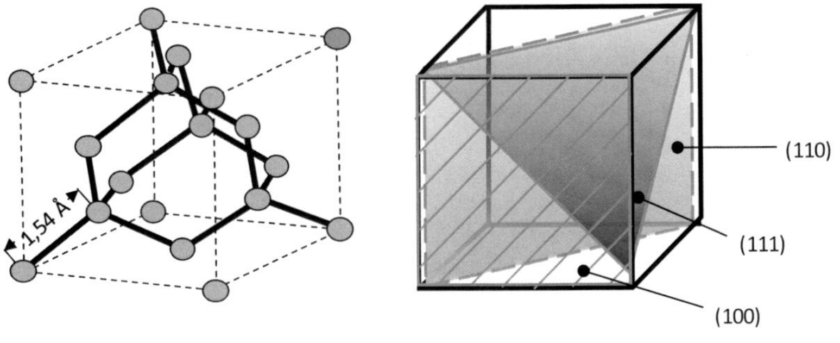

Abbildung 4-1: Elementarzelle und die Gleitebenen des Diamanten

Primitive cell and glide plane of diamond

Jedes Kohlenstoffatom wird von vier anderen Atomen in einem Winkel von 109,5° tetraedisch umgeben. Der Atomabstand beträgt 1,54 Å und die Gitterkonstante liegt bei a = 0,355 nm. Durch die sp^3-Hydrisierung der Orbitale der vielen Valenzelektronen ergibt sich die tetraedische Anordnung der

Atome. Die dadurch entstehende kovalente Elektronenpaarbildung weist eine hohe Stabilität auf, da beide Bindungspartner zeitweise die Elektronen des jeweiligen Partners besitzen und damit die Atome beider Valenzhüllen vollständig besetzt sind. Die notwendige Energie, um diese Verbindung zu lösen, ist sehr hoch, was wiederum zur extremen Härte des Werkstoffes führt [GOTT07].

Der spezielle Kristallaufbau des Diamanten führt zu anisotropen Eigenschaften. Diese werden zum Beispiel bei Diamantwerkzeugen ausgenutzt. Die Ebenen (110) und (100), die am verschleißfestesten sind, werden parallel zur Span- und Freifläche ausgerichtet. Die (111) Ebene ist die Ebene mit der höchsten Dichte an Atombindungen, was dazu führt, dass diese Ebene die höchste Härte aufweist. Gleichzeitig bildet diese Ebene auch die Hauptgleitebene, da die notwendige Bruchenergie (gegenüber den anderen Ebenen) am geringsten ist [HESE09, LINK08].

Neben Naturdiamanten sind auch synthetisch hergestellte Diamanten von Bedeutung. Die entscheidenden Vorteile dieser sind vor allem die reproduzierbaren Eigenschaften. Die Eigenschaften von Naturdiamanten können durch die Einlagerung von Stickstoff- und Boreinlagerungen variieren. Die synthetische Herstellung kann dabei mittels verschiedener Verfahren geschehen, wie dem High-Temperature-High-Pressure Verfahren (HTHP) oder dem Chemical Vapor Deposition (CVD). Dabei liefern die CVD-Verfahren zumeist polykristalline Diamanten. Bei der Synthese mittels des High-Temperature-High-Pressure Verfahrens werden die natürlichen Bedingungen für die Umwandlung von Graphit in Diamant künstlich erzeugt. Dazu werden Drücke von bis zu 6 GPa und Temperaturen von 1800 K in speziellen Maschinen erzeugt. Zur Unterstützung der Synthese werden zusätzlich Übergangsmetalle als Katalysatoren eingesetzt [NAIL07].

Eigenschaften des Diamanten und der Einsatz als Schneidstoff

In der Ultrapräzisionszerspanung kommen fast ausschließlich Werkzeuge aus monokristallinem Diamanten zum Einsatz. Diese zeichnen sich durch ihre unübertroffene Härte und die Möglichkeit zur schartenfreien Bearbeitung der Schneidkante aus.

Mit einer Einordnung in der Mohs-Härte bei 10 und einer Vickershärte von ca. 10000 HV0,2 gilt Diamant als das härteste Material, das natürlich vorkommt. Darüber hinaus gilt es mit einem E-Modul von 1050 GPa als das am wenigsten mechanisch verformbare Mineral.

Darüber hinaus besitzt das Material bei Raumtemperatur herausragende Wärmeleitungseigenschaften mit einer Wärmeleitfähigkeit von $\lambda = 600 - 4000$ W/mK. Dadurch kann die Wärme, die in der Zerspanzone erzeugt wird, schnell über das Werkzeug abtransportiert werden. Dies hat gerade bei der Ultrapräzisionszerspanung den entscheidenden Vorteil, dass die Wärme nicht ins Bauteil gelangt und dort zu einer Wärmedehnung und damit einhergehend einer unvermeidbaren Formabweichung führt. [ERTL03]

Des Weiteren wird die chemische Beständigkeit im Vergleich zu anderen Werkstoffen als sehr gut beschrieben. Aufgrund von nicht vorhandenen freien Elektronen wirkt das Material mit einem spezifischen Widerstand von $R > 10^{16}$ Ωcm elektrisch isolierend. Außerdem weist er einen geringen Reibungskoeffizienten auf ($\mu = 0{,}05 - 0{,}15$). [ERTL03]

Wie bereits beschrieben, ist die Diamantmodifikation bei Raumbedingungen lediglich metastabil. Die spontane Umwandlung wird allerdings durch eine relativ hohe Aktivierungsenergie E_A, die der Differenz der freien Standardbildungsenthalpien von Graphit und Diamant entspricht, von 2,897 kJ/mol verhindert [ERTL03].

Das Phasendiagramm (Abbildung 4-2) des Kohlenstoffs gibt Einblicke in die Temperatur- und Druckverhältnisse, die für die Umwandlung in die verschiedenen Modifikationen bzw. Aggregatzustände notwendig sind. Für die Zerspanung mit monokristallinen Diamantwerkzeugen ist dabei vor allem die Umwandlung von Diamant in Graphit von Interesse, da die sogenannte Graphitisierung dazu führt, dass die Werkzeuge ihre Härte verlieren und damit der Prozess zum Erliegen kommt.

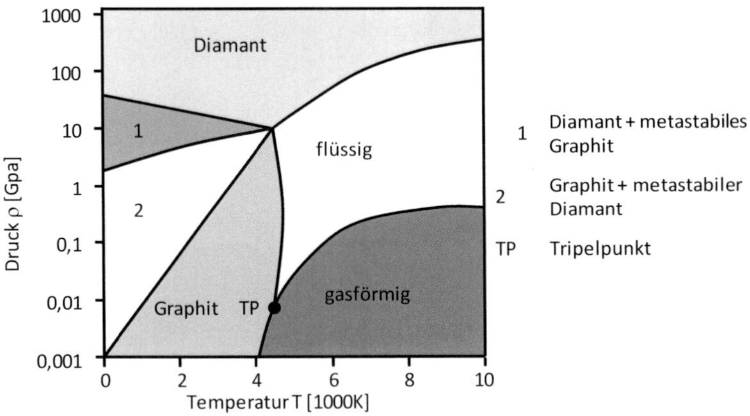

Abbildung 4-2: Phasendiagramm des Kohlenstoffs

Phase diagram of carbon

Wird Diamant im Vakuum oder unter inerter Atmosphäre erhitzt, startet die Graphitisierung bei ca. 1800 K. Ist ausreichend Sauerstoff vorhanden, startet dieser Prozess bereits ab einer Temperatur von 900 K, also knapp 630 °C. Darüber hinaus wirken Elemente, wie beispielsweise Eisen, Nickel oder Kobalt, katalytisch und können die Graphitisierungsenergie noch weiter herabsenken [GLAE03].

Bei der chemischen Interaktion spielen die Diamant-Bauteilwerkstoff-Paarung und die Prozesstemperatur eine entscheidende Rolle. Generell ist es nicht möglich, eisenhaltige Werkstoffe konventionell zu bearbeiten, was auf die Affinität von Eisen zu Kohlenstoff zurückzuführen ist. Generell besteht eine hohe chemische Affinität zu Wolfram, Titan, Zirkonium und Tantal. Kobalt, Eisen, Mangan, Nickel und Chrom wirken im geschmolzenen Zustand als Lösungsmittel für Diamanten bzw. Kohlenstoff [HESE09].

4.2 Auswahl der Hartmetalle für die Untersuchungen

Choice of different types of tungsten carbides for the investigations

Im Stand der Technik wurden bereits die allgemeinen Eigenschaften von Hartmetall beschrieben. In diesem Kapitel werden die in der vorliegenden Arbeit verwendeten Hartmetalle auf ihre Werkstoffeigenschaften hin charakterisiert. Dabei liegt das Hauptaugenmerk auf den mechanischen Kennwerten, die für die Berechnung der theoretischen kritischen Spanungsdicke und dem, nach der Gleichung von BIFANO, damit verbundenen Übergangspunkt von duktilem zu sprödhartem Materialverhalten notwendig sind.

Folgende Hartmetalle wurden für die Untersuchungen im Zuge dieser Arbeit ausgewählt:

- CTN01L und CF-F35Z der Firma Ceratizit
- J30 der Firma Tribo Hartmetall
- H10F der Firma SANDVIK

Allen verwendeten Hartmetallen ist gemein, dass sie eine Hartstoffphase aus Wolframcarbid und eine Bindephase aus Kobalt besitzen. Sie unterscheiden sich lediglich in ihrer Korngröße und dem Binderanteil. In der folgenden Tabelle sind diese Größen für die untersuchten Hartmetallproben dargelegt [TRIB16, CERA16, SANV02]:

Hartmetallsorte	CTN01L	H10F	J30	CF-F35Z
Korngröße [µm]	< 0,2	0,8	1	1,0 – 1,3
Binderanteil [%]	0,25	10	10	17,5
Korngrößenklasse	Nano	Feinst	Fein	Fein

Tabelle 4-1: Charakteristische Kennwerte der untersuchten Hartmetallproben

Characteristics of the investigated tungsten carbide samples

Allgemein ist bekannt, dass die Härte von Hartmetall mit abnehmender Korngröße und Binderanteil ansteigt. CTN01L, auch als binderloses Hartmetall bezeichnet, besitzt sowohl einen sehr geringen Binderanteil an Kobalt als auch eine sehr geringe Korngröße. Daraus folgt, dass das untersuchte Hartmetall eine sehr hohe Härte und in diesem Fall die größte Härte der Hartmetallproben aufweist. Aufgrund des geringen Kobaltbinderanteils ist das Material gut polierbar. Eine Eigenschaft, die es für das Präzisionsblankpressen prädestiniert. Um neben dem Schleifen und Polieren noch ein weiteres mögliches Endbearbeitungsverfahren zu ermöglichen, wurde diese Hartmetallsorte für die Untersuchungen zur Zerspanung mit monokristallinen Diamantwerkzeugen ausgewählt.

Um daneben auch den Einfluss des Binderanteils und der Korngröße auf das Bearbeitungsergebnis bestimmen zu können, werden ebenfalls die Hartmetallsorten J30, H10F und CF-F35Z in den vorliegenden Untersuchungen berücksichtigt. Hierbei dient die J30 Hartmetallsorte als Referenzprobe mit einer Feinkorngröße und einem Binderanteil von 10%. Die H10F Hartmetallprobe hingegen entspricht einer Feinstkorngröße, während der Binderanteil von 10% konstant bleibt. Schließlich wird eine CF-F35Z Hartmetallprobe untersucht. Hierbei bleibt die Feinkorngröße konstant und der Binderanteil entspricht nun einem Wert von 17,5%. Diese Versuche dienen den Untersuchungen des Einflusses des Binderanteils. Abbildung 4-3 zeigt eine Einordnung der untersuchten Hartmetalle in einem Binderanteil-Korngröße-Diagramm.

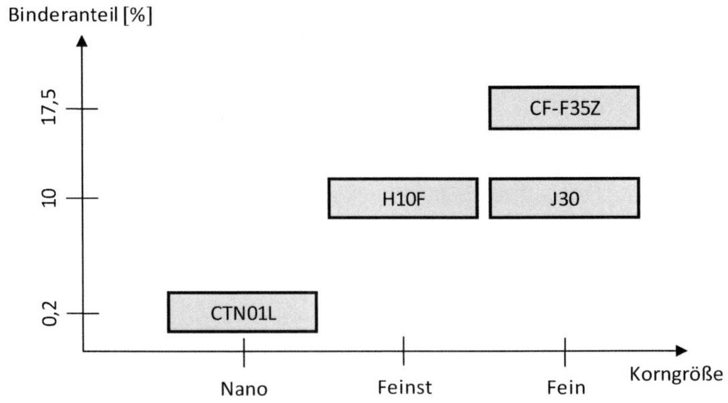

Abbildung 4-3: Schematische Einteilung der Hartmetallproben
Schematic classification of the tungsten carbide samples

Die nachfolgenden Rasterelektronenmikroskopaufnahmen (Abbildung 4-4) der vier Hartmetalloberflächen verdeutlichen die unterschiedlichen Binderanteile und Korngrößen. Hierbei wurden die Proben zuerst plangeschliffen, poliert und anschließend geätzt, um die Korngrenzen sichtbar zu machen. Dabei erscheinen die Körner aus Wolframcarbid in hellem und der Kobaltbinder in dunklem Grau.

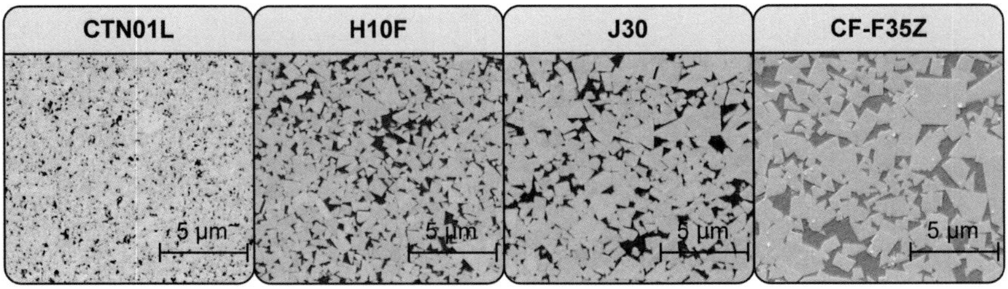

Abbildung 4-4: Schliffbilder der Oberflächen der Hartmetallproben
Photomicrograph of the surface of the tungsten carbide samples

Nach der von BIFANO aufgestellten Gleichung (Gleichung 2-8) hängt die kritische Spanungsdicke in erheblichem Maße von den Werkstoffeigenschaften Härte, E-Modul und Bruchzähigkeit ab. Die notwendigen Werte für das Hartmetall CTN01L wurden durch BULLA bestimmt. Dabei wurde für die Bestimmung des dynamischen E-Moduls die Methode mittels einer Messung der Biegeresonanzfrequenz von 2 dünnen Werkstoffplättchen in Anlehnung an die DIN EN 843-2 genutzt. Die Vickershärte wurde nach DIN EN ISO 6507-1 mit einer Eindrucklast von 10 kg ermittelt. Die Palmqvistmethode lieferte die Bruchzähigkeit. Für alle anderen Proben wurde auf die Angaben der Hersteller in den jeweiligen Datenblättern zurückgegriffen [TRIB16, CERA16, SANV02]. Die nachfolgende Tabelle fasst die Eigenschaften der unterschiedlichen Materialien und die daraus berechneten kritischen Spanungsdicken zusammen:

Hartmetall-sorte	Elastizitätsmodul [GPa]	Härte [HV 10]	Bruchzähigkeit [MPa$\sqrt{m}$]	Krit. Spanungs-dicke [µm]
CTN01L	680	2811	6	0,165
J30	585	1540 [HV 30]	11,0	2,907
H10F	580	1600 [HV 30]	13	3,589
CF-F35Z	480	1200	15,6	10,14

Tabelle 4-2: Eigenschaften und die daraus berechnete kritische Spanungsdicke der Hartmetallproben

Properties and the calculated critical chip thickness of the tungsten carbide samples

Nach BIFANO darf diese kritische Spanungsdicke für eine duktile Bearbeitung nicht überschritten werden. Allerdings hängt dieser Wert nicht nur von den aus der Gleichung erkennbaren Werkstoffeigenschaften ab, sondern auch in einem erheblichen Maße von der im Zerspanprozess herrschenden Temperatur und den Prozessbedingungen. Vor allem sei hier der Einfluss der Ultraschallunterstützung und des negativen Spanwinkels genannt. Beide bedingen eine Verschiebung des Grenzwertes zu höheren Werten.

4.3 Statistische Versuchsplanung

Design of experiments

Für die Ableitung des Versuchsplans wurde die „Drei-Wagon-Methode“ genutzt. Diese beschreibt ein allgemeines Vorgehen zur Prozessoptimierung in der Optikfertigung und trennt strikt die Fragestellungen zum Prozess und der Maschinentechnik zur Findung von kritischen Prozessparametern und deren Zusammenwirken. Die Methode umfasst die folgenden aufeinander aufbauenden Schritte [FÄHN16]:

„Wagon 1“ – Systematische Analyse
Zuerst werden relevante Prozessparameter identifiziert und ein Diagramm mit direkten und indirekten Einflussfaktoren des Prozesses erstellt. Dabei werden die kritischen Prozessparameter mithilfe eines geeigneten Prozessmodells ermittelt. Anschließend werden die Einflüsse auf die kritischen Prozessparameter ermittelt. Dazu werden statistische Experimente durchgeführt, wobei immer ein Prozessparameter konstant gehalten wird und so eine umfassende Analyse ermöglicht wird.

„Wagon 2“ – Verbesserung
Die im vorherigen Schritt als kritisch identifizierten Parameter werden durch Anwendung des entwickelten Prozessmodells verbessert. Auf diese Weise werden Sätze der kritischen Prozessparameter bestimmt, die idealerweise den Wert eines kritischen Prozessparameters gleichzeitig variieren. Diese

Sätze kritischer Prozessparameter werden auf verschiedenen Proben angewendet, wobei jedes Mal die erzeugte Prozessqualität begutachtet wird.

„Wagon 3" – Verifizierung der Ergebnisse
Schließlich wird der verbesserte Satz von kritischen Prozessparametern unter industriellen Bedingungen angewandt, um das neue Niveau der Qualität des Herstellungsprozesses zu überprüfen.

4.3.1 Versuchsplanung der Hobeluntersuchungen

Design of experiments while ruling

Die Abbildung 4-5 gibt eine Übersicht über einige direkte und indirekte Einflussfaktoren bei der drehtechnischen Bearbeitung mit monokristallinen Diamanten. Eine Darstellung aller Prozessgrößen ist aufgrund der Komplexität nicht möglich.

Direkte Prozessgrößen	Indirekte Prozessgrößen	Ausgangsgrößen
Drehzahl n	Schnittgeschwindigkeit v_c	Formgenauigkeit P-V
Vorschub f	Materialabtragsrate	Oberflächenrauheit Ra
Schnitttiefe a_p	Zerspankraft F	Randzonenschädigung
Schneideckenradius r_ε		
Spanwinkel γ		

Abbildung 4-5: Direkte und indirekte Einflussfaktoren bei der drehtechnischen Bearbeitung mit monokristallinen Diamanten

Direct and indirect influences while turning with monocrystalline diamonds

Wie bereits im Stand der Technik beschrieben, gibt es zwei Grundvoraussetzungen für die duktile und damit Bearbeitung von sprödharten Materialien mittels Zerspanung mit Diamantwerkzeugen zum Erreichen einer Oberfläche mit optischen Eigenschaften Zum einen muss eine Druckspannung in die Zerspanzone induziert werden und zum anderen darf die Spanungsdicke einen materialspezifischen kritischen Wert nicht überschreiten. Daraus lässt sich ableiten, dass diese beiden Grundvoraussetzungen als kritische Einflüsse auf die duktile Zerspanung zu sehen sind. Eine Druckspannung lässt sich über die Verwendung von Werkzeugen mit einem negativen Spanwinkel technisch leicht verwirklichen. Auch beschreibt das Modell nach MOHR die Zusammenhänge bereits ausreichend gut. In dieser Arbeit werden daher lediglich die Einflüsse auf die kritische Spanungsdicke untersucht.

Die Abbildung 4-6 zeigt die unterschiedlichen Einflussfaktoren auf die kritische Spanungsdicke.

Eingangsgrößen	Indirekte Eingangsgrößen	Kritische Prozessgröße
Material	Temperatur	
Prozessparameter	Chemische Vorgänge	
Werkzeug	Physikalische Vorgänge	Kritische Spanungsdicke
Kühlschmierstoff	Energie	
Ultraschallunterstützung	Zerspankräfte	

Abbildung 4-6: Einflüsse auf die kritische Spanungsdicke
Influences on the critical chip thickness

Die statistische Versuchsplanung orientiert sich an den Eingangsgrößen und bildet eine möglichst große Anzahl an indirekten Eingangsgrößen ab, um somit ein umfassendes Verständnis der Abhängigkeiten auf den Übergangspunkt vom duktilen zum sprödharten Zerspanmechanismus in Form der kritischen Spanungsdicke zu erzielen. Zur Analyse dieser Einflüsse werden Hobelversuche analog dem Einkornritzversuch durchgeführt. Das Versuchsfeld umfasst bei den Hobelversuchen die Variation der Kühlschmierflüssigkeiten, der Prozessparameter in Form der Schnittgeschwindigkeit und der Werkzeugeigenschaften durch die Wahl unterschiedlicher Spanwinkel und Werkzeugradien.

Material

Als Probenwerkstoffe wurden die Hartmetalle CTN01L und CF-F35Z der Firma Ceratizit sowie J30 der Firma Tribo Hartmetalle und H10F der Firma SANDVIK ausgewählt. Um konstante Eingriffsbedingungen zu gewährleisten, ist die Planparallelität der Probenkörper entscheidend. Aus diesem Grund wurden alle Proben vor ihrem Einsatz auf einer Ultrapräzisionsmaschine planparallel geschliffen und anschließend manuell poliert. Eine detaillierte Beschreibung der unterschiedlichen Hartmetalle wird in Kapitel 4.2 gegeben.

Für die Hobelversuche wurde das Material mit dem binderlosen Hartmetall CTN01L konstant gehalten. Vorversuche an den anderen Hartmetallen haben gezeigt, dass diese durch den höheren Binderanteil bereits deutlich metallähnliche Eigenschaften und damit kritische Spanungsdicken aufweisen, die deutlich oberhalb der Belastungsgrenze der Diamantwerkzeuge lagen.

Prozessparameter

Bei den Hobelversuchen mit stetig ansteigender Schnitttiefe lässt sich als Prozessparameter lediglich die Schnittgeschwindigkeit variieren. Die Variation der Schnittgeschwindigkeit führt zu unterschiedlich eingebrachten Energien und damit verbundenen Temperaturen in der Zerspanzone. Andere indirekte Parameter wie die Materialabtragrate werden maßgeblich durch den Schneideckenradius des Werkzeugs bestimmt. In dieser Arbeit wurde die Schnittgeschwindigkeit in drei Stufen variiert. Eine detailliertere Beschreibung der Hobelversuche erfolgt im nächsten Teilkapitel.

Allgemein zeigt sich bei der drehtechnischen Bearbeitung, dass die Schnitttiefe einen nicht zu vernachlässigenden Einfluss auf die erzeugbare Rauheit hat. Für die Auswertung der erzeugten Hobelspuren wurden die gesamten Nuten mittels Weißlichtinterferometrie gemessen. Mit diesen bereitgestellten Daten war es möglich, die Rauheit bei unterschiedlichen Schnitttiefen zu ermitteln. Die Auswertung konzentrierte sich dabei lediglich auf den duktilen Bereich. Den Abschluss des Teilkapitels bildete die Aufstellung eines Beschreibungsmodells der erzielten Rauheit in Abhängigkeit von den Eingangsgrößen der Hobelversuche und der Schnitttiefe.

Werkzeug
Als Werkzeuge kamen in allen Versuchen monokristalline Diamantwerkzeuge zum Einsatz. Es wurden Vollradiuswerkzeuge mit unterschiedlichen Spanwinkeln γ und Radien r_ε verwendet. Eine detaillierte Beschreibung der Diamanteigenschaften erfolgte in Kapitel 4.1.

Der Spanwinkel γ der verwendeten Werkzeuge hat einen unmittelbaren Einfluss auf die induzierte Druckspannung. Für die Versuche mit Ultraschall wurde der Winkel mit 0° konstant gehalten. Vorversuche hatten gezeigt, dass ein Spanwinkel von -20° und gleichzeitiger Einsatz von Ultraschall zu hohe Druckspannungen in das Werkzeug induzieren und zu einem sofortigen Versagen derer führt.

Kühlschmierstoff
Basierend auf Literaturrecherchen und Expertengesprächen erfolgte die Auswahl der Testflüssigkeiten so, dass ein möglichst breites Spektrum unterschiedlicher chemischer Stoffgruppen zum Einsatz kam und damit unterschiedliche chemische Eigenschaften abgedeckt wurden. Als Referenzen diente sowohl der in der UP-Zerspanung mit monokristallinen Diamanten übliche Kühlschmierstoff Isoparaffin als auch der speziell für das Schleifen entwickelte Kühlschmierstoff EcoCool S-CO5, kurz EcoCool, der Firma Fuchs. So konnten durch den Einsatz von unterschiedlichen Kühlschmierstoffen unter anderem die Einflüsse hinsichtlich der chemischen und physikalischen Interaktion des Kühlschmierstoffs mit dem Hartmetall untersucht werden. Als Referenzversuch diente jeweils die Zerspanung mit Luft, um so die kritische Spanungsdicke in Abhängigkeit von den Prozessstellgrößen zu bestimmen. Die Auswahl und Charakterisierung der Kühlschmierstoffe erfolgen in Kapitel 5.

Ultraschallunterstützung
Aus dem Stand der Technik ist bekannt, dass die Ultraschallunterstützung einen Einfluss auf die eingebrachte Druckspannung hat. Des Weiteren besteht die Möglichkeit, dass der Kühlschmierstoff durch den entstehenden Spalt zwischen Werkzeugstück und Werkzeug in die Zerspanzone eindringen kann.

Probenvorbereitung
Der Probenvorbereitung kam bei den Untersuchungen eine besondere Bedeutung zu. Bedingt durch die geringen Schnitttiefen musste eine Verkippung der Proben vermieden werden. Dazu wurden zunächst Halter auf Aluminium auf einer Ultrapräzisionsmaschine plan gedreht. Anschließend wurden alle für die Untersuchungen verwendeten Hartmetallproben auf die Halter aufgeklebt und auf einer Ultrapräzisionsmaschine plangeschliffen, um eine gesamte Verkippung zu verhindern. Die Abbildung 4-7 zeigt die verschiedenen aufgeklebten Hartmetallproben.

Abbildung 4-7: Aufgeklebte Hartmetallprobe auf einem Aluminiumhalter
Tungsten carbide test sample gluded to a holder made of Aluminum

Die Hartmetallproben aus CTN01L für die Hobelversuche hatten einen Durchmesser von 22 mm und eine Dicke von ungefähr 8 mm. Für die Drehversuche kamen zusätzlich dazu auch rechteckige Proben aus den anderen Hartmetallen mit den Abmessungen 15 mm x 15 mm und einer Dicke von knapp 2 mm zum Einsatz.

Versuchsdurchführung

Bei den Hobelversuchen trat das Werkzeug linear unter einem bestimmten Winkel α in das Werkstück ein und erzeugte eine Nut mit stetig steigender Schnitttiefe a_p und damit auch ansteigender Spanungsdicke h_{cu}. Anders als beim Einkornritzversuch wurden für die Hobelversuche konventionelle monokristalline Diamantwerkzeuge benutzt, um die Erkenntnisse anschließend einfacher auf den realen Drehprozess übertragen zu können. Der Versuchsablauf ist in Abbildung 4-8 skizziert.

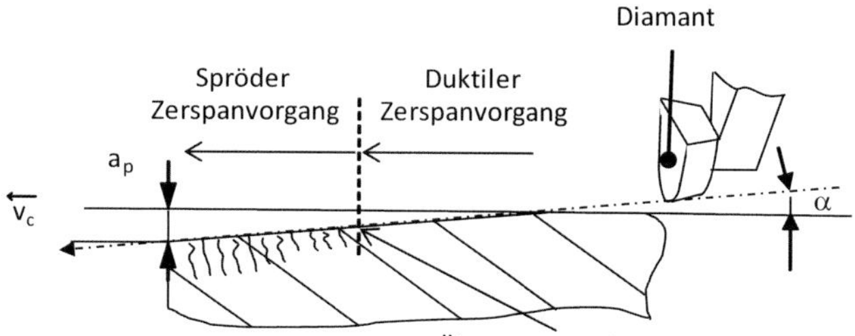

Abbildung 4-8: Schematische Darstellung der Hobeluntersuchungen
Schematic representation of the ruling investigations

Anschließend wurde die gesamte Nut mittels Weißlichtinterferometrie gemessen und der Übergangspunkt von sprödem zu duktilem Zerspanverhalten bestimmt. Das nähere Vorgehen ist in Kapitel 6 beschrieben.

Bildung eines Berechnungsmodells

Die empirisch ermittelten Daten wurden in jedem Teilkapitel genutzt, um ein Berechnungsmodell mit dem Zusammenhang zwischen den jeweiligen Eingangsgrößen und der kritischen Spanungsdicke aufzustellen. Dazu wurde die Methode der „Summe der kleinsten Fehlerquadrate" genutzt, die die Lösung von überbestimmten Gleichungssystemen ermöglicht.

Aus den Eingangsgrößen wurde eine m x n-Matrix A gebildet. Die Koeffizienten der Eingangsgrößen bilden dabei den Vektor x, die gemessenen kritischen Spanungsdicken den Vektor b. Allgemein gilt dann:

$$Ax = b \qquad mit\ A \in \mathbb{R}^{mxn}, x \in \mathbb{R}^n, b \in \mathbb{R}^m$$ Gleichung 4-1

Die m x n-Matrix A besitzt mehr Zeilen als Spalten. Daher gilt, dass es allgemein kein x gibt, das alle Gleichungen erfüllt. Die Methode der „Summe der kleinsten Fehlerquadrate" bestimmt das x nun so, dass die Gleichungen „möglichst gut" erfüllt werden. Dies geschah über eine QR-Zerlegung der Matrix mithilfe des Programms MATLAB und des sogenannten „Backslash-Operatores":

$$x = {}^{A}/_{b}$$ Gleichung 4-2

Die so aufgestellten Einzelformeln wurden zum Abschluss des Kapitels zu einem ganzheitlichen Berechnungsmodell zusammengefasst. Dies geschah über die Aufstellung eines gesamtheitlichen Gleichungssystems aller Einflussgrößen und der jeweiligen gemessenen kritischen Spanungsdicke. Das Gleichungssystem wurde dann mit dem Programm MATLAB gelöst. Das so aufgestellte Berechnungsmodell erlaubt dann die Vorhersage der kritischen Spanungsdicke in Abhängigkeit von den Eingangsgrößen im Versuchsraum. In einem abschließenden Schritt wurde das Berechnungsmodell durch einen zusätzlichen Versuchspunkt verifiziert.

4.3.2 Versuchsplanung der drehtechnischen Untersuchungen

Design of experiments of the turning investigations

Zum Nachweis des Einflusses des Kühlschmiermittels auf die Werkzeugstandzeit und die Oberflächenqualität bei der Bearbeitung im duktilen Bereich wurden Drehversuche durchgeführt und damit überprüft, inwieweit sich die Erkenntnisse im industriellen Bezug verwenden lassen. Dazu wurden zunächst Drehversuche auf einer Ultrapräzisionsmaschine durchgeführt, wobei die Prozessstellgrößen Schnittgeschwindigkeit, Vorschub, Schnitttiefe und Werkzeuggeometrie, aber auch die Frequenz der Ultraschallunterstützung konstant gehalten wurden. Die Bearbeitungsstrategie der Plandrehversuche ist in Abbildung 4-9 dargestellt. Das Diamantwerkzeug trat unter einem definierten Winkel α = 0,5° in das rotierende Werkstück ein. Dadurch werden mögliche Überbelastungen des Werkzeugs und dadurch entstehende Ausbrüche an der Schneidkante vermieden. Nach Erreichen der eingestellten Schnitttiefe durchlief die Schneide die Werkzeugbahn.

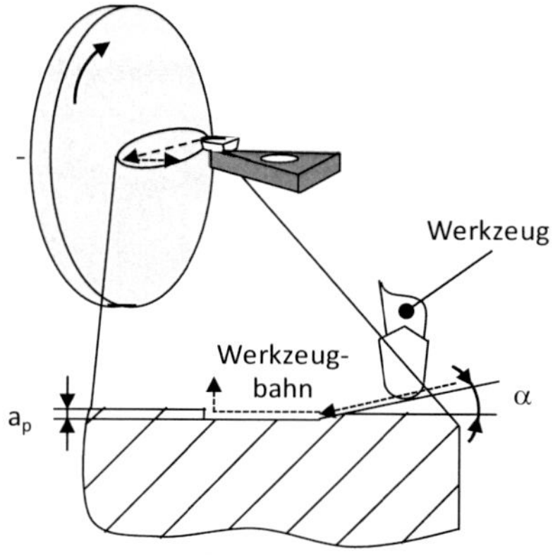

Abbildung 4-9: Schematische Darstellung der drehtechnischen Untersuchungen
Schematic representation of the turning investigations

Um zu gewährleisten, dass die Bearbeitungen wie gewünscht im duktilen Bereich stattfand, musste die nach Gleichung 2-3 errechnete auftretende Spanungsdicke in Abhängigkeit vom Vorschub, der Schnitttiefe und dem Schneideckenradius des Werkzeugs so eingestellt werden, dass die kritische Spanungsdicke nicht überschritten wurde. Nach BULLA ist die einzustellende Spanungsdicke möglichst nah an die kritische Spanungsdicke heranzuführen, um so die spezifische Schneidkantenbelastung und den damit verbundenen Werkzeugverschleiß zu minimieren. Darüber hinaus war der Vorschub so zu wählen, dass laut der Gleichung für die kinematische Rauheit (Gleichung 4-3) eine Oberfläche mit einem Rauheitswerte von $R_t < 20$ nm erzeugt wurde.

$$R_t = \frac{f^2}{8 \cdot r_\varepsilon}$$ Gleichung 4-3

Zur besseren Vergleichbarkeit der Drehversuche wurde über alle Versuche ein konstanter Schnittweg und eine konstante Schnittgeschwindigkeit eingestellt. Aus den Gleichungen für die Schnittzeit und der Vorschubgeschwindigkeit lässt sich eine Gleichung für die notwendigen Eintritt- und Austritt-durchmesser in Abhängigkeit vom Vorschub herleiten:

$$s_c = v_c \cdot t_c = \frac{\pi}{4 \cdot f} \cdot \left(d_{aus}^2 - d_{ein}^2\right)$$ Gleichung 4-4

Die Gleichung lässt sich nach dem Werkzeugaustrittspunkt auflösen und dieser bei festgelegtem Schnittweg s_c und dem geplanten Eintrittspunkt über die Gleichung 4-5 berechnen.

$$d_{aus} = \sqrt{\frac{s_c \cdot 4 \cdot f}{\pi} + d_{ein}^2}$$ Gleichung 4-5

Die Schnittgeschwindigkeit, die nicht nur von der Drehzahl der Spindel, sondern auch von der radialen Position des Werkzeugs abhängt, wurde dabei jeweils am arithmetischen Mittelwert von Ein- und

Austrittsdurchmesser über die Gleichung 4-6 berechnet. Dies geschieht, da die Spindel bei einer Bearbeitung mit einer konstanten Schnittgeschwindigkeit einer stufenweisen Beschleunigung unterliegt und dies die Oberflächenrauheit vergrößert.

$$\mathrm{n} = \frac{v_c^2}{\mathrm{d_{ein}}\text{-}\mathrm{d_{aus}}}$$ Gleichung 4-6

Als Grundlage zur Auswahl der Bearbeitungsparameter für die Hobel- und die Drehversuche dienten die Ergebnisse und Erkenntnisse der Untersuchungen von BULLA [BULL13]. Die Tabelle 4-3 zeigt einen Überblick über die gewählten Prozessparameter aufgeteilt nach den einzelnen Versuchsblöcken. Um die Reproduzierbarkeit zu überprüfen und eine statistische Absicherung der Ergebnisse zu gewährleisten, wurden alle Versuche, soweit nicht anders angegeben, dreimal wiederholt.

	Prozesssparameter	Werte	Prozessart
Klassische Prozessparameter	Schnittgeschwindigkeit v_c [m/min]	0,3/ 0,5/ 0,7	Hobeln
	Maximale Schnitttiefe $a_{p,max}$ [µm]	2 - 3	
	Schneideckenradius r_ε [mm]	0,1/ 0,2/ 0,3/ 0,5	
	Spanwinkel γ (bei USDT) [°]	-10/ -20/ -30 (0)	
	Schnittgeschwindigkeit v_c [m/min]	4	Drehen
	Schnitttiefe a_p [µm]	1	
	Spanwinkel γ (bei USDT) [°]	-20 (0)	
Schwingungs-spezifische Parameter	Amplitude A [µm]	1	USDT
	Ultraschallfrequez f [Hz]	80	

Tabelle 4-3: Überblick über die gewählten Prozessparameter
Overview of the chosen process parameters

4.4 Systemaufbau zur Ultrapräzisionszerspanung

System set up for machining experiments

Alle Versuche zu den Einflüssen auf die kritische Spanungsdicke sowie die Drehversuche wurden auf einer Ultrapräzisionsmaschine des Typs Moore Nanotech 350FG durchgeführt, um geringste Zustellungen und Schnitttiefen zu realisieren und damit den Einfluss der Maschinengenauigkeit und der eingebrachten Vibrationen auf das Bearbeitungsergebnis vernachlässigen zu können. Die Maschine verfügt über drei hydrostatisch gelagerte Achsen für die Linearbewegungen in X-, Y- und Z-Richtung sowie eine aerostatisch gelagerte Werkstückspindel. [MOOR18]. Die Abbildung 4-10 zeigt die verwendete Maschine mit einigen Eigenschaften.

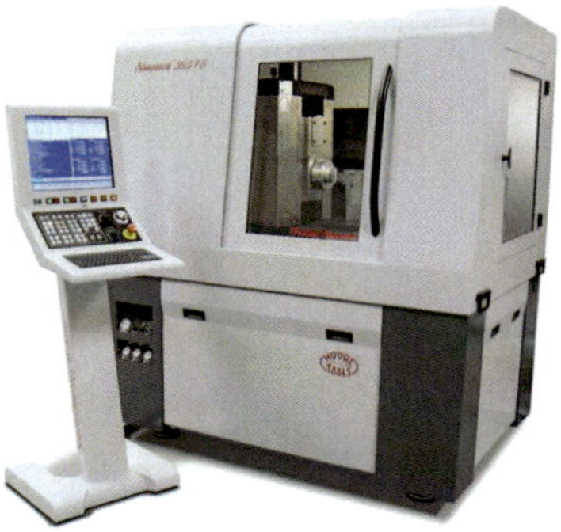

Maschineneigenschaften

- 5-Achsen
  (3 Linear- und 2 Rotationsachsen)
- Luftgelagerte, wassergekühlte Drehspindel
- Linear angetriebene, hydrostatisch gelagerte Achsen
- Hohe Steifigkeit
- Hohe thermische Stabilität
- Klimatisierter Bearbeitungsraum
- Gute dynamische Eigenschaften

Abbildung 4-10: Eigenschaften der Ultrapräzisionsmaschine Moore Nanotech 350FG
Properties of the ultra precision machine Moore Nanotech 350 FG

Zum Abschluss dieses Kapitels soll im Folgenden auf die verwendete Messtechnik eingegangen werden.

4.5 Verwendete Messtechnik

Employed measurement equipment

Im Laufe der durchgeführten Versuche zu dieser Arbeit wurden eine Vielzahl von Messmitteln mit unterschiedlichen Wirkprinzipien eingesetzt, um eine möglichst gute und umfassende Charakterisierung der Einzelergebnisse zu gewährleisten und letztendlich eine Aussage über die Gültigkeit der Forschungshypothese zu ermöglichen. Die einzelnen verwendeten Geräte werden in diesem Abschnitt vorgestellt.

Kontaktwinkelmessgerät

Die Kontaktwinkelmessung ist ein zerstörungsfreies Verfahren zur Bestimmung der materialspezifischen Benetzbarkeit eines Festkörpers mit einer Flüssigkeit. Dazu wird ein Tropfen mit definiertem Volumen auf die Probenoberfläche gegeben und der sich einstellende Kontaktwinkel mittels einer computergestützten Kamera erfasst. Die Auswertung der unterschiedlichen Winkel ermöglicht dann eine Charakterisierung des jeweiligen Systems bestehend aus einer festen und einer flüssigen Phase. Darüber hinaus lassen sich über die Werte wiederum die Ober- und Grenzflächenspannung der Flüssigkeiten berechnen. Für die Versuche wurde ein Gerät DAS 100 der Firma Krüss verwendet. [KRUE18]

Weißlichtinterferometer

Die Weißlichtinterferometrie stellt ein berührungsloses optisches Verfahren zur Vermessung und Auswertung der Oberflächenrauheit, insbesondere der arithmetischen Mittenrauheit und der dreidimensionalen Oberflächentopographie dar. Daneben ist auch die Darstellung und Auswertung von Strukturen mit Abmessungen zwischen einigen Zentimetern und wenigen Mikrometern möglich. Die Messtechnik nutzt dazu die kurze Kohärenzlänge des breitbandigen weißen Lichtes aus, um kontrastreiche Inferenzstreifen zu generieren. Bei einem Messbereich von ca. 50 x 50 μm^2 sind vertikale Auflösungen von maximal 0,1 nm möglich. Oberflächen mit einer Steilheit der Flanke größer als 18° können allerdings nicht erfasst werden. Für die Messungen in dieser Arbeit wurde das Gerät ContourGT der Firma Bruker verwendet. [BRUK18]

Licht- und Rasterelektronenmikroskop

In der vorliegenden Arbeit wurden die Mikroskope dazu verwendet, die Diamantwerkzeuge vor und nach dem Gebrauch sowie die Oberflächentopographie der Proben darzustellen. Das jeweilige physikalische Prinzip der beiden Typen führt zu deutlich unterschiedlichen Eigenschaften und Einsatzgebieten. Während bei der Lichtmikroskopie sichtbares Licht zum Einsatz kommt, werden bei der Rasterelektronenmikroskopie die Oberflächen eines Objektes mittels Elektronen abgebildet. Da das Auflösungsvermögen bei Mikroskopen durch die Wellenlänge begrenzt ist, kann mit einem Elektronenmikroskop eine deutlich höhere Auflösung von derzeit etwa 0,1 nm gegenüber etwa 200 nm bei der Lichtmikroskopie erreicht werden. Darüber hinaus zeichnet sich die Rasterelektronenmikroskopie durch eine hohe Tiefenschärfe aus. Die eingesetzten Geräte waren auf der einen Seite ein AXIO Imager.M2M und auf der anderen Seite ein NEON 40EsB jeweils der Firma Zeiss. [ZEIS18]

5 Auswahl und Charakterisierung der Kühlschmierstoffe

Selection and characteristic of the cutting fluids

In diesem Kapitel werden die Fluide, die im Zuge der vorliegenden Arbeiten untersucht wurden, aufgeführt und charakterisiert. Basierend auf Literaturrecherchen und Expertengesprächen erfolgte die Auswahl der Testflüssigkeiten so, dass ein möglichst breites Spektrum unterschiedlicher chemischer Stoffgruppen zum Einsatz kam und damit unterschiedliche chemische Eigenschaften abgedeckt wurden. Als Referenzen diente sowohl der in der UP-Zerspanung mit monokristallinen Diamanten übliche Kühlschmierstoff Isoparaffin als auch der speziell für das Schleifen entwickelte Kühlschmierstoff EcoCool S-CO5 der Firma Fuchs. Für eine bessere Lesbarkeit wird im Folgenden lediglich von Kühlschmierstoffen als Synonym für alle Testflüssigkeiten gesprochen.

5.1 Auswahl der Kühlschmierstoffe

Selection of the cutting fluids

Wasser stellt die einzige Substanz dar, die in der Natur sowohl in flüssiger, fester als auch gasförmiger Form vorkommt. Dabei besitzt es eine deutlich höhere Oberflächenspannung als beispielsweise Öle oder Alkohole und damit theoretisch deutlich schlechtere Benetzungseigenschaften. Dafür ist die Wärmekapazität im Vergleich zu anderen flüssigen Medien verhältnismäßig hoch. Allerdings spielen daneben für die Auswahl vor allem zwei Gesichtspunkte eine Rolle. Der chemische Aufbau des Wassermoleküls führt zu einer starken Polarität, und durch die Untersuchungen von SHCHUKIN ist bekannt, dass gerade solche eine deutliche Verringerung der mechanischen Festigkeit auf einer ionischen, polaren Oberfläche, wie sie beim Hartmetall vorliegt, verursachen können [SHCH06]. Darüber hinaus löst Wasser Kobalt in Abhängigkeit von dem pH-Wert [PALM08]. Durch den Einsatz von destilliertem Wasser können weitere Einflüsse durch Mineralien, wie sie sonst im Leitungswasser vorkommen, ausgeschlossen werden. Als Versuchsflüssigkeiten kommen Pufferlösungen zum Einsatz. Dies sind wässrige Lösungen, deren pH-Wert sehr genau eingestellt werden kann. Dabei unterscheiden sich die sonstigen Eigenschaften, wie Wärmeleitfähigkeit oder Viskosität, nur in einem vernachlässigbaren Betrag von dem von reinem Wasser.

Isoparaffin und **n-Dodecan** sind gesättigte Kohlenwasserstoffe. Diese Stoffgruppe besitzt die allgemeine Summenformel C_nH_{2n+2} und weist unpolare Eigenschaften auf. Dadurch wird die Wechselwirkung mit der Oberfläche des polaren Hartmetalls deutlich schwächer ausfallen als zum Beispiel bei einer polaren Flüssigkeit wie dem Wasser. Bezüglich der Viskosität der Flüssigkeiten ist bekannt, dass diese mit steigender Anzahl an Kohlenstoffatomen ansteigt. Auf Grundlage der Untersuchungen von REHBEIN wird das n-Dodecan mit einer Summenformel von $C_{12}H_{26}$ gewählt. Bei den Untersuchungen zeigte n-Dodecan die höchste Kobaltlöslichkeit aller geprüften Kohlenwasserstoffe. Aus der Summenformel von n-Dodecan ist ersichtlich, dass der Stoff eine verhältnismäßig lange Kohlenwasserstoffkette besitzt und so der Reibungskoeffizient zwischen der Bauteiloberfläche und dem Werkzeug durch die Bildung eines Adsorptionsfilms geringer ausfällt als bei kurzkettigen Kohlenwasserstoffen [BUCK81]. Isoparaffin wird bereits in der Ultrapräzisionszerspanung mit monokristallinen Diamantwerkzeugen als Kühlschmiermittel eingesetzt. Die vorwiegend ausgenutzte Eigenschaft ist die hohe Kühlwirkung der Flüssigkeit durch die Verdunstungskälte.

Glycerin ist der Trivialname und die gebräuchliche Bezeichnung von Propan-1,2,3-triol. Bestehend aus drei O-H-Gruppen wird Glycerin den dreiwertigen Alkoholen zugeordnet. Durch ihren Aufbau sind Alkohole polare Stoffe, die wie Wasser mit Hartmetall grenzflächenaktiv reagieren. Dabei adsorbieren sie an der Oberfläche und bilden sich in Form eines Films auf der Feststoffoberfläche aus. Sie besitzen im Allgemeinen eine geringe Oberflächenspannung und somit gute Benetzungseigenschaften [MAßM10].

Polyethylenglycol, kurz PEG, gehört zu der chemischen Gruppe der Ether und weist je nach Kettenlänge und damit verbunden in Abhängigkeit von der Molarmasse flüssige oder feste Eigenschaften auf. Das wasserlösliche Polymer hat die Summenformel $C_{2n}H_{4n+2}O_{n+1}$ und ist aus sich wiederholenden C_2H_4O-Gruppen aufgebaut. Bei den Untersuchungen kam ein PEG 400 zum Einsatz. Dieser Stoff hat eine mittlere Molekülmasse von 400 g/mol und weist dadurch bei Raumtemperaturen die Eigenschaften einer nichtflüchtigen Flüssigkeit mit einer hohen Polarität auf. Dadurch kann die chemisch-physikalische Wechselwirkung mit der Hartmetalloberfläche höher ausfallen. In der konventionellen Metallbearbeitung wird der Stoff als Verschleißschutzadditiv eingesetzt, da durch die chemische Reaktion mit der Feststoffoberfläche Filmschichten gebildet werden und so der Werkzeugverschleiß verringert wird.

Bei der herkömmlichen Zerspanungsbearbeitung basieren die meisten Kühlschmierstoffzusammensetzungen auf Öl oder Wasser. Öl besitzt dabei eine geringere Oberflächenspannung als Wasser und besitzt dementsprechend auch einen besseren Benetzungsgrad. Öl ist jedoch im Vergleich zu Wasser unpolar und wird dementsprechend nur geringe respektive keine physikalisch-chemischen Wechselwirkungen mit der Hartmetalloberfläche aufweisen. REHBEIN hat in seinen Untersuchungen auch pflanzliche Öle hinsichtlich ihrer Kobaltlöslichkeit geprüft. Er ist zu dem Ergebnis gekommen, dass pflanzliche Öle, wie beispielsweise **Rizinusöl**, mit die geringste Kobaltlöslichkeit der untersuchten Testflüssigkeiten haben [REHB12].

EcoCool S-CO5 ist ein wassermischbarer, synthetischer Kühlschmierstoff der Firma Fuchs und ein weiterer kommerziell verfügbarer Kühlschmierstoff, der in dieser Arbeit behandelt wird. Er ist speziell für die schleifende Bearbeitung von Hartmetall entwickelt worden und wirkt einer Auslösung von Kobalt aus dem Hartmetall entgegen. Darüber hinaus besitzt er eine hohe Schmierleistung, wodurch die Reibung zwischen Werkzeug und Werkstück reduziert wird. Des Weiteren hat dieser Kühlschmierstoff die Eigenschaften einer hohen Wärmeabfuhr sowie guter Benetzbarkeit [FUCH13].

Die Hersteller der eingesetzten Kühlschmierstoffe sind die folgenden:

- Pufferlösungen mit unterschiedlichen pH-Werten
- n-Dodecan
- Ethylenglycol 400
- Glycerin jeweils der Carl Roth GmbH
- Rizinusöl der Firma Caelo
- Isoparaffin von Julius Hoesch Düren
- EcoCool S-CO5 der Firma Fuchs Europe Schmierstoffe GmbH

5.2 Charakterisierung der Kühlschmierstoffe

Characteristics of the cutting fluids

Eine Versuchsplanung sieht zumeist eine voll faktorielle Abdeckung der Versuchspunkte vor. Dazu werden die Eingangsgrößen jeweils einzeln variiert und ihr Einfluss auf das betrachtete System analysiert. Bei Versuchen mit Kühlschmierstoffen ist dies nicht ohne weiteres möglich, da sich die Eigenschaften eines Kühlschmierstoffes im Allgemeinen nicht gezielt einstellen lassen, ohne auch seine anderen chemischen Eigenschaften zu verändern. Dies erschwert die Deutung der Ergebnisse der Untersuchungen und die Zurückführung auf spezifische chemische Eigenschaften erheblich oder macht es sogar unmöglich. Es ist lediglich die Betrachtung eines Kollektivs aus Eigenschaften möglich. Die Pufferlösungen bilden hier eine Ausnahme, da bei diesen Flüssigkeiten der pH-Wert bei ansonsten gleichbleibenden Eigenschaften eingestellt werden kann und damit eine Untersuchung hinsichtlich des Einflusses durch den pH-Wert ermöglicht wird.

Für die spätere formelmäßige Beschreibung der Zusammenhänge wurde auf Eigenschaften zurückgegriffen, die zumeist von den Herstellern angegeben werden und somit keiner weiteren Untersuchungen bedürfen. Die Beschreibung erfolgte daher mit den folgenden Eigenschaften:

- pH-Wert
- Dynamische Viskosität h
- Wärmeleitfähigkeit λ
- Wärmekapazität c
- Verdampfungswärme ΔQ_v

Im Folgenden werden Möglichkeiten zur messtechnischen Bestimmung der Kühlschmierstoffeigenschaften dargestellt.

Bestimmung des pH-Wertes

Das Kürzel pH leitet sich vom lateinischen Ausdruck pondus hydrogenii (Gewicht des Wasserstoffs) oder auch von potentia hydrogenii (Wirksamkeit des Wasserstoffs) ab und ist ein Maß für die Stärke der sauren oder basischen Wirkung einer wässrigen Lösung. Allgemein sind für die saure Wirkung die H_3O^+-Ionen, in der Praxis häufig als Wasserstoffionen bezeichnet, und für die basische Wirkung einer Lösung Hydroxidionen verantwortlich. Ursprünglich wurde der pH-Wert als „der negative, dekadische Logarithmus der Wasserstoffionenkonzentration" definiert. Heute ist allerdings bekannt, dass nicht die Konzentration, sondern die Aktivität der Wasserstoffionen den pH-Wert der Lösung bestimmt. Das bedeutet, dass Lösungen mit gleicher Wasserstoffionenkonzentration sowohl sauer als auch basisch reagieren können. Daher definiert die DIN 19261 den pH-Wert als eine charakterisierende dimensionslose Zahl. Dieser ist der mit -1 multiplizierte dekadische Logarithmus der molaren Wasserstoffaktivität. Allgemein wird der pH-Wert wie folgt eingeteilt [DEGN12]:

- pH < 7: Lösung mit saurer Wirkung
- pH = 7: Lösung mit neutraler Wirkung
- pH > 7: Lösung mit alkalischer (basischer) Wirkung

Der pH-Wert lässt sich dabei über eine Vielzahl von Methoden bestimmen. In dieser Arbeit wird die Farbmetrik anhand der Reaktion eines Indikatorfarbstoffes verwendet. Dabei werden im Allgemeinen Substanzen verwendet, deren Farbe vom pH-Wert abhängt. Ein Beispiel ist das Lackmuspapier. Lackmus ist ein blauvioletter Farbstoff, der aus bestimmten Flechtenarten gewonnen wird und die Eigenschaften hat, in saurer Lösung rot und in basischer Umgebung blau gefärbt zu sein. Durch einen Abgleich mit einer Farbskala lässt sich dann der pH-Wert bestimmen. Allgemein ist bekannt, dass der pH-Wert unter anderem einen Einfluss auf die Löslichkeit von Stoffen in einem Lösungsmittel hat.

Bestimmung der dynamischen Viskosität h

Allgemein bezeichnet die Viskosität den Widerstand eines Fluides gegenüber Scherung. Dabei gilt, je höher die Viskosität, desto dickflüssiger (weniger fließfähig) und je niedriger die Viskosität, desto dünnflüssiger (fließfähiger) ist die Flüssigkeit. Dabei ist die Viskosität stark von der Temperatur und in geringerem Maß vom Druck des Fluids abhängig. Unterhalb eines Druckes von 100 bar kann die Druckabhängigkeit aber vernachlässigt werden. Generell wird zwischen dynamischer und kinematischer Viskosität unterschieden. Die dynamische Viskosität ist das Verhältnis von Schubspannung und Geschwindigkeitsgradient. Die kinematische Viskosität lässt sich aus der dynamischen Viskosität durch Division mit der Dichte berechnen [BART94].

Den einfachsten Fall stellt das Newtonsche Fluid dar. Bei diesen Fluiden ist die Viskosität lediglich von der Temperatur und dem Druck abhängig. Einflüsse der Schergeschwindigkeit und der Zeit sind zu vernachlässigen. Nach diesem Modell lässt sich unter anderem das Fließverhalten von Wasser in den meisten Fällen hinreichend genau beschreiben. Daneben existieren noch einige weitere Fälle, wie die der Flüssigkeiten, deren Viskosität unter Beanspruchung steigt. Das Material wird zäher und damit widerstandsfähiger gegenüber Verformung. Ein Beispiel für eine solche Flüssigkeit sind Stärkelösungen. Das Gegenteil sind scherverdünnende Fluide, wo die Viskosität unter Beanspruchung sinkt. Beispiele hier sind Treibsand und Blut [BART94].

Eine Messmethode stellt das Couette-Rheometer dar. Dieses besteht im Wesentlichen aus einem zylindrischen Becher und einem ebenfalls zylindrischen Rotationskörper mit jeweils bekannten Radien. Das zu untersuchende Fluid befindet sich im Spalt zwischen den beiden Zylindern. Durch die Geometrieabmessungen und das zur Aufrechterhaltung der Bewegung notwendige Drehmoment lassen sich die Schubspannung und damit die Viskosität ermitteln [BART94].

Bestimmung der Wärmeleitfähigkeit λ

Die Wärmeleitfähigkeit ist eine Stoffeigenschaft und beschreibt das Vermögen eines Stoffes, thermische Energie mittels Wärmeleitung in Form von Wärme zu transportieren [HERI07]. Während der Wärmestrom in Festkörpern in erster Näherung direkt proportional zum Temperaturunterschied ist, spielen bei Flüssigkeiten auch Strömungszustände eine entscheidende Rolle. Darüber hinaus variiert die Wärmeleitfähigkeit mit Druck- und Temperaturänderungen. Der Kennwert der Wärmeleitfähigkeit wird als Wärmewiderstand bezeichnet.

Eine Möglichkeit zur Bestimmung der Wärmeleitfähigkeit stellt die Hitzdraht-Methode dar. Dabei wird ein dünner Draht in die zu untersuchende Flüssigkeit gegeben. Dieser dient gleichzeitig als Heizelement und Temperatursensor und wird während der gesamten Untersuchung durch eine konstante elektrische Quelle beheizt. Der zeitliche Verlauf des Widerstandes ist ein Indikator für den Temperaturanstieg, der im Wesentlichen von der Wärmeleitfähigkeit des umgebenden Mediums abhängig ist. Unter Berücksichtigung eines thermischen Kontaktwiderstands zwischen Medium und Draht sowie eines Wärmeverlustes, der sich durch die Messdauer einstellt, lässt sich dann die Wärmeleitfähigkeit errechnen. [FEJA12]

Bestimmung der Wärmekapazität c

Die Wärmekapazität C bezeichnet im Allgemeinen das Vermögen eines Körpers, Energie in Form von thermischer Energie statistisch verteilt zu speichern und lässt sich per Definition durch die Wärmemenge Q, die einem Körper zugeführt werden muss, um eine Temperaturänderung von T zu erreichen, beschreiben:

$$\mathrm{C} = \frac{\partial Q}{\partial T}$$ Gleichung 5-1

Dabei ist C materialspezifisch und wird entweder in Abhängigkeit von der Masse m, als spezifische Wärmekapazität c, oder bezogen auf die Teilchenmenge ν, als molare Wärmekapazität C_m angegeben. Dabei ist C temperaturabhängig, kann aber in bestimmten Grenzen als konstant angesehen werden. Bei einer Temperaturänderung von T_1 auf T_2 beträgt die übertragende Wärme:

$$Q_{12} = m \int_{T_2}^{T_1} c(T)dT = \vartheta \int_{T_2}^{T_1} C_m(T)dT$$ Gleichung 5-2

Bei einer geringen Temperaturänderung kann die Wärmekapazität als konstant angesehen werden und die Gleichung 5-2 vereinfacht werden zu:

$$Q_{12} = m \cdot c(T_2 - T_1) = \vartheta \cdot C_m(T_2 - T_1)$$ Gleichung 5-3

Die Wärmekapazität wird oftmals mittels eines Kalorimeters gemessen. Im Inneren des nach außen isolierten Gefäßes befindet sich eine Flüssigkeit (zumeist Wasser) einer bekannten Masse m_1 bei der Temperatur T_1. Nach dem Einfüllen der Testflüssigkeit mit der Masse m_2 und der Temperatur T_2 stellt sich nach einiger Zeit die Mischungstemperatur T_m ein. Nach Umstellung der Energiebilanzgleichung lässt sich die Wärmekapazität c_2 berechnen [BÖGE08].

Bestimmung der Verdampfungswärme ΔQ_v

Verdampfungswärme bezeichnet die Wärmemenge, die benötigt wird, um eine bestimmte Menge einer Flüssigkeit zu verdampfen. Im isobaren Fall, was bei den meisten technischen Anwendungen der Fall ist, da diese unter Atmosphärendruck stattfinden, ist die zugeführte Energie gleich der Enthalpieänderung des Systems. Dann wird die Verdampfungswärme auch als Verdampfungsenthalpie bezeichnet. Dieser materialspezifische Kennwert lässt sich mithilfe der „CLAUSIUS-CLAPEYRON-Beziehung" über den Sättigungsdampfdruck und die Siedetemperatur berechnen [DOHM16].

Aus technischer Sicht wird die Verdampfungswärme zumeist zur Kühlung eingesetzt.

Übersicht über die Eigenschaften der eingesetzten Kühlschmierstoffe

Die Tabelle 5-1 gibt einen Überblick über die Eigenschaften der eingesetzten Kühlschmierstoffe. Diese wurden den Datenblättern der jeweiligen Hersteller entnommen. Da die Unterschiede in den Eigenschaften der eingesetzten Pufferlösungeg vernachlässigbar klein sind, wird in der Tabelle lediglich die Pufferlösung mit einem pH-Wert von 7 dargestellt. Für den Kühlschmierstoff EcoCool S-CO5 liegen keine detailierteren Daten vor.

Flüssigkeit	pH-Wert	Dyn. Viskosität [kg/sm³]	Wärmeleitfähigkeit [W/mK]	Wärmekapazität [W/mK]	Verdampfungswärme [W/mK]
Pufferlösung pH 7	7	$9{,}775 \cdot 10^4$	0,6	4,182	44
Glycerin	6,5	0,15	0,309	2,363	43,247
EcoCool S-CO5	9	$5{,}475 \cdot 10^3$	/	/	/
Polyethylenglycol 400	7	0,12	0,1934	10,0107	65,517
n-Dodecan	6,5	$2{,}28 \cdot 10^2$	0,1362	2,203	61,86
Rizinusöl	6,5	1,05	0,181	1,92	81
Isoparaffin	6,5	$9{,}16 \cdot 10^4$	0,13	2	48

Tabelle 5-1: Relevante Eigenschaften der Kühlschmierstoffflüssigkeiten
Relevant properties of the cutting fluids

Neben einer chemischen Reaktion zwischen der Testflüssigkeit und dem Probenkörper können auch noch die weiteren Wechselwirkungen in Form der Benetzungseigenschaften und der Oberflächenspannung von Interesse sein. Diese charakteristischen Werte werden im nächsten Kapitel dargelegt.

Bestimmung der Benetzungseigenschaften

Die Benetzung beschreibt das Verhalten einer Flüssigkeit beim Kontakt mit einer Feststoffoberfläche. Die ausschlaggebende Größe ist dabei die Oberflächenenergie der Flüssigkeit. Das Verhalten beruht auf dem Grundprinzip der Physik zur Energieminimierung eines Systems. Die Benetzbarkeit ist die zugehörige Eigenschaft des Festkörpers.

Flüssigkeiten benetzen Oberflächen unterschiedlich gut. Als Maß für die makroskopische Benetzbarkeit wird zumeist der Kontaktwinkel Θ verwendet. Die Ursache für die unterschiedlichen Winkel liegt an den verschiedenen Grenzflächenenergien, die für homogene und Oberflächen mit geringer Rauheit über die YOUNGSCHE Gleichung mit dem Kontaktwinkel verknüpft sind:

$$\Delta Q = \gamma_{sl} \cdot \Delta A + \gamma_{lg} \cdot \Delta A \cdot \cos\theta - \gamma_{lg} \cdot \Delta A$$

Gleichung 5-4

Die Gleichung beschreibt die Änderung der freien Energie der Oberfläche ΔQ in Abhängigkeit von den Grenzflächenenergien bei der Verschiebung der Kontaktlinie um eine Fläche ΔA. Dabei haben die Oberflächenenergien die Indexe s für das Substrat, l für den flüssigen Tropfen und g für die umgebende Atmosphäre. Im Gleichgewicht ist die freie Energie stationär und läuft somit gegen Null. Dann ergibt sich die YOUNGSCHEN Gleichung in der üblichen Schreibweise [SCHA02]:

$$\cos\theta = \frac{\gamma_{sg} - \gamma_{sl}}{\gamma_{lg}}$$ Gleichung 5-5

Dabei entspricht der Kontaktwinkel θ dem Winkel, der sich zwischen der Tangente des sich bildenden Tropfens und der Feststoffoberfläche einstellt. Es werden je nach Winkel drei Bereiche unterschieden, die in Abbildung 5-1 dargestellt sind:

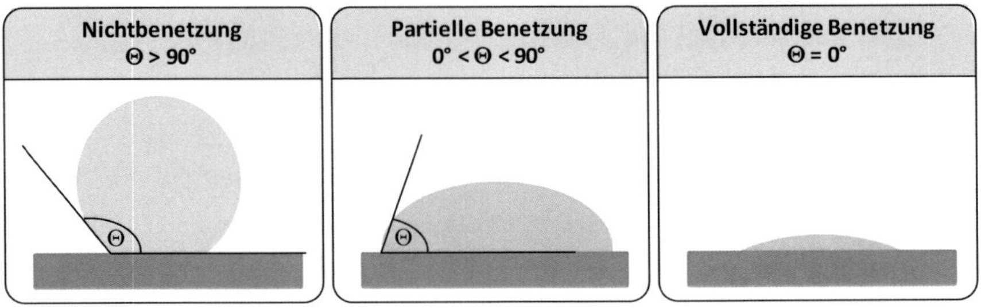

Abbildung 5-1: Schematische Darstellung der Benetzungsarten [WELS13]
Schematic reprensentation of wetting types [WELS13]

Die Größe des Kontaktwinkels hängt von der Größe der Wechselwirkung zwischen den Molekülen der Flüssigkeit und denen der Oberfläche ab. Je größer diese Wechselwirkung ist, umso kleiner ist der Kontaktwinkel. Die Anziehungskraft zwischen den Molekülen und der Oberfläche ist dann größer als die zwischen den Molekülen der Flüssigkeit selber. Die Flüssigkeit ist bestrebt, die Energie des Gesamtsystems zu minimieren und vergrößert dann die Grenzfläche mit dem Festkörper.

Die Beschreibung aller auftretenden Kräfte ist aufgrund der Komplexität nicht ohne Weiteres möglich und würde den Rahmen dieser Arbeit sprengen. Im Folgenden soll daher nur auf einige der wichtigsten Wechselwirkungen eingegangen werden.

Zwischen allen Molekülen treten VAN DER WAALS-Wechselwirkungen auf. Diese besitzen eine recht weite Reichweite, sind aber durch ihre Abstandsabhängigkeit charakterisiert. Sie fallen mit steigendem Abstand vom Molekül stark ab und sind ab einem Abstand der Größenordnung von 10^{-9} m vernachlässigbar klein [SCHA02]. Innerhalb einer Flüssigkeit heben sich die Kräfte der einzelnen Moleküle aufeinander gerade auf. An einer Oberfläche dagegen ist die Konzentration an Molekülen in dem umgebenden Gas geringer als in der Flüssigkeit. Somit üben die Moleküle in der Flüssigkeit eine in das Flüssigkeitsinnere gerichtete Kraft aus. Daher sind Flüssigkeiten bestrebt, ihre Oberfläche zu minimieren und bilden eine Tropfenform aus [BENE14]. Ein Umstand, der auch bei der Oberflächenspannung von Flüssigkeiten bekannt ist und in einem direkten Zusammenhang zur Benetzung steht. Die beiden wichtigsten Parameter für die VAN DER WAALS-Kräfte sind die Polarisierbarkeit und das statische elektrische Dipolmoment.

Bei Molekülen mit einer polaren Gruppe, wie zum Beispiel bei Wasser, kommen noch richtungsabhängige und orientierungsabhängige Wechselwirkungen hinzu. Diese sind allgemein von kurzer Reichweite, können aber indirekt sehr große Reichweiten aufweisen [SCHA02].

Sonstige Wechselwirkungen mit kurzer Reichweite sind zum Beispiel die Wasserstoffbrücken-Bindungen. Diese bezeichnen dabei die kovalente Verbindung eines Moleküls mit einem Wasserstoffatom mit einem stark elektronegativen Atom, wie zum Beispiel Chlor oder Sauerstoff.

Allgemein gilt, dass polare Flüssigkeiten, wie zum Beispiel Wasser, vor allem auf polaren Feststoffoberflächen gute Benetzungseigenschaften aufweisen. Ein Umstand, der als hydrophil, wasserliebend, bezeichnet wird. Unpolare Flüssigkeiten dagegen weisen auf polaren Feststoffoberflächen gegenteilige Eigenschaften auf und bilden Tropfen mit größeren Kontaktwinkeln. Ein Verhalten, das als hydrophob bezeichnet wird [WELS13].

Allerdings weisen alle technischen Bauteile eine gewisse Rauheit auf. Es gibt deshalb weitere Ansätze, die den Rauheitswert in die Betrachtung mit einbeziehen, wie die „WENZEL-Gleichung", die die Gleichung nach YOUNG durch einen Rauheitsfaktor R erweitert [IMMI10]. Dabei berücksichtigt er, dass im Falle einer Oberfläche mit hoher Rauheit die wahre benetzte Oberfläche größer ist als seine Projektion. Aus der Gleichung folgt, dass eine Rauheit auf der Oberfläche bei einem Kontaktwinkel von kleiner als 90° dieser verkleinert und bei einem Kontaktwinkel von größer als 90° dieser vergrößert wird. Allerdings wird dieser Faktor in der vorliegenden Arbeit nicht betrachtet, da für die Auswertung nur die Unterschiede im Kontaktwinkel zwischen den unterschiedlichen Flüssigkeiten und nicht der wahre Betrag des Winkels von Bedeutung sind.

Die Bestimmung des Kontaktwinkels erfolgt zumeist mit einem Kontaktwinkelmessgerät. Dazu wird mithilfe einer Dosiereinheit ein Flüssigkeitstropfen auf der Probe abgelegt und mit dem Kamerasystem gemessen. Dabei unterscheidet man zwischen der statischen und der dynamischen Messung. In der vorliegenden Arbeit wurde das Prinzip des „Fortschreitwinkels" eingesetzt [KRÜS17b]. Dabei wird die Nadel der Dosiereinheit während der gesamten Messdauer im Flüssigkeitstropfen belassen und kontinuierlich Fluid zugeführt. Dadurch wächst der Tropfen stetig an und sowohl Sedimentationseffekte als auch Auflösungsvorgänge der Feststoffoberfläche werden verhindert [KRAF10]. Zur Messung kamen folgende Parameter zum Einsatz:

- Dauer der Messung 60 Sek mit je einer Messung pro Sekunde
- Bildung des durchschnittlichen Wertes aus den 60 Messungen
- Dreifache Wiederholung und anschließende Mittelwertbildung

Abbildung 5-2 zeigt zwei Beispiele einer Sequenz einer Kontaktwinkelmessung von einer Pufferlösung mit einem pH-Wert von 7 auf der linken und Glycerin auf der rechten Seite. Vor jeder Messung wurde die Nadel möglichst mittig ausgerichtet und die Basislinie auf der Bauteiloberfläche justiert. Der Kontaktwinkel Θ wurde anschließend durch das Programm des Kontaktwinkelmessgerätes DAS 100 der Firma Krüss ermittelt. Es kam dabei das Tangentenverfahren zum Einsatz, bei dem die Tropfenkontur über eine Kegelschnittgleichung bestimmt wird und anschließend durch die Ableitung der Gleichung an der Schnittstelle zur Basislinie die Steigung und damit der Kontaktwinkel berechnet wird [KRÜS08].

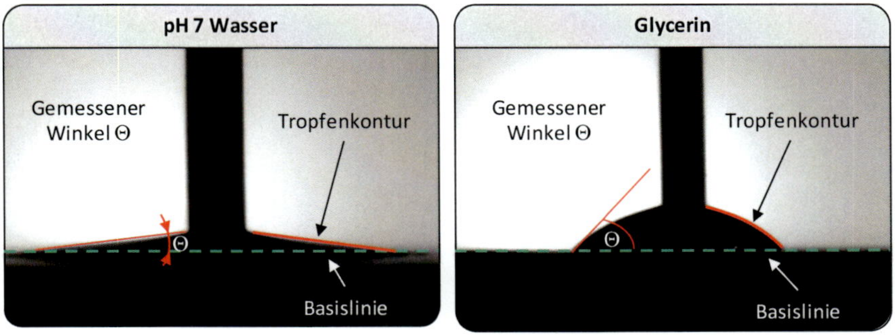

Abbildung 5-2: Beispielhafte Darstellung der Kontaktwinkelmessung

Exemplary representation of the contact angle measurement

In der nachfolgenden Tabelle 5-2 sind die Ergebnisse der gemittelten dynamischen Kontaktwinkelmessung für die Testflüssigkeiten auf den vier Hartmetallen dargestellt.

Hartmetalltypen	θ_m Wasser pH 7 [°]	θ_m Wasser pH 4 [°]	θ_m Wasser pH 10 [°]	θ_m Isoparaffin [°]	θ_m EcoCool [°]	θ_m Glycerin [°]	θ_m n – Dodecan [°]	θ_m Polyethylenglycol [°]	θ_m Rizinusöl [°]
CTN01L	10,4	24,5	22,0	9,4	19,9	48,5	10,0	38,3	24,0
H10F	12,8	32,6	35,7	11,0	19,2	38,0	11,0	29,8	28,3
J30	10,2	32,9	34,5	10,9	17,6	30,5	10,5	24,7	26,1
CF-F35Z	9,5	27,7	29,0	10,4	19,0	32,6	10,3	28,6	26,3

Tabelle 5-2: Ergebnisse der Kontaktwinkelmessungen der Basisflüssigkeiten

Results of the contact angle measurements of the basis fluids

Als Testflüssigkeiten wurden die beiden Pufferlösungen mit einem pH-Wert von 1 und 12 nicht betrachtet. Sie würden in der Industrie keine Anwendung finden, da sie aufgrund ihres sauren bzw. basischen Verhaltens die Führungen und sonstigen Bauteile der Maschine angreifen würden. Darüber hinaus würden sie für den Maschinenbediener ein erhebliches Sicherheitsrisiko darstellen.

Alle Hartmetallproben wurden vor den Untersuchungen plangeschliffen und poliert. Die geringste Rauheit wurde dabei auf dem binderlosen Hartmetall CTN01L erzielt; die höchste auf CF-F35Z. Die erzielbare Rauheit steigt also mit steigender Korngröße und steigendem Binderanteil für die hier untersuchten Hartmetalle an. Nach den Prozessschritten wiesen die Proben die folgenden Oberflächenrauheiten auf.

- CTN01L: Ra = 1,73 nm
- H10F: Ra = 2,99 nm
- J30: Ra = 5,38 nm
- CF-F35Z: Ra = 7,18 nm

Die Messungen zeigten deutliche Unterschiede im Kontaktwinkel in Abhängigkeit von den Flüssigkeiten und dem Hartmetall auf. Wie bereits beschrieben, hängt die Größe des Kontaktwinkels sowohl von der Stärke der Wechselwirkungen zwischen den Molekülen der Flüssigkeiten mit denen des Feststoffs als auch von den Rauheitswerten der Oberfläche ab.

Insgesamt zeigte sich, dass die Oberflächenrauheit bei diesen Untersuchungen keinen erkennbaren Einfluss auf den Kontaktwinkel hat. Dies könnte auf die sehr geringen Werte der Oberflächenrauheit zurückzuführen sein. Ein Ergebnis, dass durch die Untersuchungen von BUSSCHER bestätigt wird. Dieser zeigte, dass bei Rauheit mit Werten von Ra < 0,1 µm die Rauheit keinen Einfluss auf den Kontaktwinkel hat [BUSS84]. Die Unterschiede im Kontaktwinkel zum Beispiel bei Polyethylenglycol zwischen 24,7° und 38,3° sind eher auf Messungenauigkeiten und Ungenauigkeiten der Software zurückzuführen. Ansonsten müsste sich der Kontaktwinkel laut Theorie bei jeder Flüssigkeit mit steigender Rauheit vergrößern. Bei den meisten Flüssigkeiten blieb er aber weitestgehend konstant. Eher sind die Unterschiede durch chemische Heterogenitäten zu erklären. Bewegt sich die Kontaktlinie über die Oberfläche entlang einer heterogenen Oberfläche, so wird sie an den Stellen mit niedrigerer Oberflächenenergie festgehalten. Dann ist der Kontaktwinkel nicht mehr nur von der Grenzflächenenergie, sondern auch vom Volumen abhängig.

Die Messwerte der Untersuchungen mit den unterschiedlichen Pufferlösungen zeigten den Einfluss der den Pufferlösungen zugefügten Stoffe. Bei der Pufferlösung mit einem pH-Wert von 7 handelt es sich um eine entmineralisierte polare Flüssigkeit. Der Kontaktwinkel war mit knapp 10° äußerst gering. Durch die Zugabe der chemischen Stoffe zur Änderung des pH-Wertes werden auch die Wechselwirkungen mit der Oberfläche verändert und damit auch der Kontaktwinkel. Er lag um einen Faktor von knapp 3 höher.

Losgelöst von weiteren chemischen und mechanischen Eigenschaften sind für einen späteren Einsatz der Flüssigkeiten als Kühlschmierstoff solche zu bevorzugen, die einen geringen Kontaktwinkel aufweisen und damit die Oberflächen besser benetzen. Das würde dazu führen, dass die Flüssigkeit eine größere Kontaktfläche mit dem Bauteil besäße. Dadurch könnte die Flüssigkeit zum Beispiel im Vergleich zu einer Flüssigkeit mit geringerer Kontaktfläche mehr Wärme abführen. Bei den Untersuchungen wiesen die Pufferlösung mit einem pH-Wert von 7, Isoparaffin und n-Deodecan den geringsten Kontaktwinkel auf.

Darüber hinaus sollte der Kühlschmierstoff noch eine möglichst geringe Oberflächenspannung aufweisen, um auch in Risse von geringer Größe eindringen zu können. Die Oberflächenspannungen der eingesetzten Fluide werden im nächsten Kapitel bestimmt.

Bestimmung der Oberflächenspannung der Fluide

Die Oberflächenspannung bezeichnet die Wechselwirkung eines Fluides mit dem umgebenden Gas und zeichnet sich durch das Bestreben der Flüssigkeit aus, ihre Oberfläche möglichst gering zu halten und deshalb Tropfen zu bilden. Sie ist auf die kohärenten Kräfte innerhalb einer Flüssigkeit zurückzuführen [BENE14].

Es existiert eine große Anzahl von unterschiedlichen Methoden, um die Oberflächenspannung eines Fluides zu bestimmen. Im Rahmen dieser Arbeit wurde dazu der Kapillareffekt ausgenutzt. Dieser beschreibt das Verhalten eines Fluides im Kontakt mit einer Kapillare, wie zum Beispiel eines Röhrchens mit geringem Durchmesser oder eines Risses. Dabei steigt in Abhängigkeit von der Oberflächenspannung γ_{lg}, der Dichte ρ der Flüssigkeit und dem Radius r der Kapillare die Flüssigkeit in genau dieser nach oben.

Im Inneren einer Flüssigkeit heben sich die auf ein bestimmtes Molekül wirkenden Kräfte gegenseitig auf. An einer Grenzfläche zu einem anderen Stoff oder einer anderen Phase ergibt sich jedoch eine resultierende Kraft, die in Abhängigkeit von der Materialpaarung in die Flüssigkeit hinein oder aus ihr heraus gerichtet ist. Übersteigen die Adhäsionskräfte zwischen dem Feststoff und dem Fluid die Kohäsionskräfte innerhalb der Flüssigkeit, dann zeigt die resultierende Kraft nach außen in die Kapillarwand hinein. An der Kontaktstelle zur Kapillarwand wird die Flüssigkeit nach unten gekrümmt und die Oberfläche wird benetzt. Diese konkave Wölbung wird auch als Kapillaraszension bezeichnet. Ist jedoch die Wirkung der Adhäsionskräfte klein gegenüber den Kohäsionskräften in der Flüssigkeit, dann zeigt die resultierende Kraft in die Flüssigkeit hinein und es kommt zu einer Ausbildung eines konkaven Meniskuses. Die Oberfläche der Kapillare wird nicht benetzt.

Der Kapillareffekt ist auf die zwischenmolekulare Wirkung von Kohäsions- und Adhäsionskräften zurückzuführen [WELS13]. Adhäsionskräfte bezeichnen dabei solche Anziehungskräfte, die an einer Grenzfläche zwischen zwei unterschiedlichen Stoffen wirken. Demgegenüber stehen die Kohäsionskräfte, die zwischen Atomen beziehungsweise Molekülen herrschen und sich im Inneren einer Flüssigkeit gegenseitig aufheben. Erst an der Grenzphase zwischen Flüssigkeit und Gas wirken sich diese Kräfte aus und zeigen entweder in die Flüssigkeit hinein oder aus ihr heraus [POVH14].

Die Steighöhe h in einer Kapillare lässt sich dabei für eine beliebige Benetzung der Kapillaroberfläche über die Gleichung 5-6 berechnen:

$$\mathrm{h} = \frac{2 \cdot \gamma_{\mathrm{lg} \cdot \cos\theta}}{\rho \cdot g \cdot r} \qquad \text{Gleichung 5-6}$$

Hierbei ist g die Erdbeschleunigung, γ_{lg} die Oberflächenspannung, ρ die Dichte, r der Radius der Kapillare und Θ der Kontaktwinkel zwischen Flüssigkeit und Kapillare. Im Fall einer vollständigen, nach Theorie idealen Benetzung stellt sich ein Kontaktwinkel θ zwischen dem Fluid und der Kapillaroberfläche von 90° ein und der cos Θ wird zu 1.

Für die Messung der Oberflächenspannung muss die Steighöhe innerhalb einer Kapillare gemessen werden. Bei einer einzelnen muss dies ausgehend von der Flüssigkeitsoberfläche erfolgen. Dies erwies sich aber als schwer umsetzbar. Um die Messgenauigkeit zu erhöhen, wurden zwei Glaskapillaren desselben Materials verwendet, da dann lediglich die Differenz der Steighöhen ausschlaggebend ist. Die Abbildung 5-3 zeigt den schematischen Aufbau.

Bei den Untersuchungen wiesen die beiden Kapillaren die Radien r_1 = 1,35 mm und r_2 = 1,55 mm auf und bestandenaus demselben Glasmaterial.

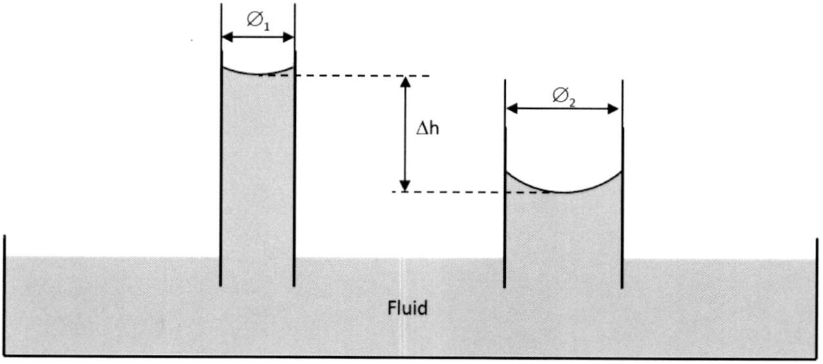

Abbildung 5-3: Schematischer Aufbau zur Bestimmung der Oberflächenspannung
Schematic build up for determining the surface tension

Durch die Bildung der Differenz der beiden Einzelsteighöhen h_1 und h_2 ergibt sich eine Gleichung für die Beschreibung der Oberflächenspannung γ_{lg} in Abhängigkeit von der Differenz der Kapillarradien r_1 und r_2, dem Kontaktwinkel θ zwischen der Kapillarwand und der Flüssigkeit und den Einflussfaktoren aus Gleichung 5-6 wie folgt:

$$\Delta\mathrm{h} = \frac{2 \cdot \gamma_{lg} \cdot \cos\theta \cdot \Delta r}{\rho \cdot g \cdot r_1 \cdot r_2}$$ Gleichung 5-7

Um die Oberflächenspannung γ_{lg} berechnen zu können, bedarf es noch des Kontaktwinkels θ. Dieser lässt sich mithilfe einer trigonometrischen Betrachtung über die Höhe des ausgebildeten Meniskus y, des Radius r der Kapillare und des Radius R der Flüssigkeitsoberfläche bestimmen. Abbildung 5-4 zeigt eine Darstellung der geometrischen Zusammenhänge zur Bestimmung des Kontaktwinkels.

In dem vorliegenden Versuchsaufbau ist der Radius R nicht direkt messbar. Er lässt sich aber über den Satz des PYTHAGORAS wie folgt berechnen:

$$r'^2 + (R - y)^2 = R^2$$ Gleichung 5-8

Durch eine Umformung erhält man:

$$R = \frac{r'^2 + y^2}{2y}$$ Gleichung 5-9

Somit ergibt sich eine Gleichung zur Bestimmung des Kontaktwinkels:

$$\theta = \tan^{-1}\left(\frac{\frac{r'^2 + y^2}{2y} - y}{r'}\right) \qquad \text{Gleichung 5-10}$$

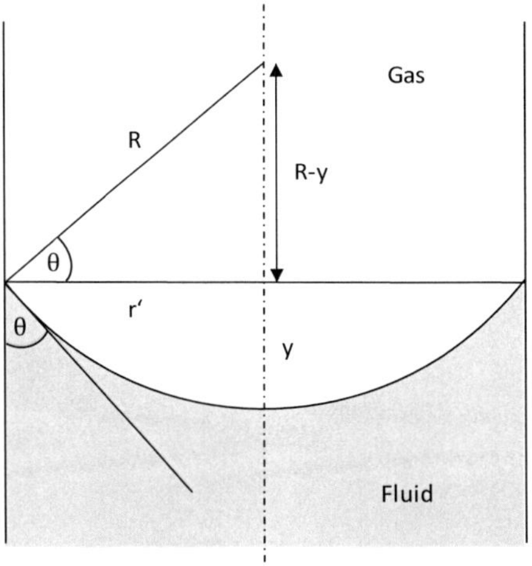

Abbildung 5-4: Schematische Darstellung des Kontaktwinkels in einer Kapillare
Schematic representation of the contact angle in a capillary

Um die Messabweichungen insgesamt so gering wie möglich zu halten und äußere Einflüsse zu minimieren, wurden alle Messungen bei einer konstanten Raumtemperatur von 21 °C durchgeführt und jeweils dreimal wiederholt. Die für die Berechnung notwendigen Dichten wurden entweder aus den Sicherheitsdatenblättern der Flüssigkeiten entnommen oder mithilfe einer Präzisionswaage und einer Mikroliterpipette bestimmt.

Um den Kontaktwinkel zwischen der Flüssigkeit und der Kapillarwand zu bestimmen, wurde die Höhe des sich ausgebildeten Meniskuses in der Kapillare mit dem größeren Radius r_2 gemessen. Die beiden Kontaktwinkel sind zueinander proportional, da die Einflüssgrößen auf den Kontaktwinkel, wie Materialpaarung, Temperatur, wirkende Schwerkraft und Feststoffoberfläche identisch sind. In der Kapillare mit dem größeren Radius stellen sich größere Kontaktwinkel und damit größere Menikushöhen ein, was eine Vermessung erleichtert. Die Versuche zeigten, dass aufgrund der geringen Abmessungen der eingesetzten Kapillaren (r_1 = 1,35 mm und r_2 = 1,55 mm) und der guten Benetzungseigenschaften der Flüssigkeiten die sich einstellende Menikushöhen sehr gering ausfallen. Die Höhen lagen zwischen 0,07 mm bei Glycerin und 0,16 mm bei Rizinusöl. Damit stellten sich Kontaktwinkel zwischen 84,83° bei Glycerin und 78,21° bei Rizinusöl ein.

Nach der Bestimmung der Kontaktwinkel ist dann die Berechnung der Oberflächenspannungen möglich, die für alle Flüssigkeiten mitsamt aller anderen benötigten Werte in der Tabelle 5-3 dargestellt sind. Die Messwerte der Steighöhen in den Kapillaren und die Messungen zum Kontaktwinkel sind im Anhang zu finden (Tabelle 10-1).

Fluid	Θ [°]	Δh_m [mm]	ρ [kg/m³]	γ_{lg} [mN/m]
Wasser pH 7	79,68	12,30	1003	67,56
Wasser pH 4	80,41	9,08	1007	53,84
Wasser pH 10	81,15	8,55	1008	54,95
EcoCool	81,15	4,17	1095	29,12
Glycerin	84,83	4,16	12,61	57,12
n-Dodecan	84,09	3,12	753	22,38
Polyethylenglycol	82,62	4,52	1120	38,66
Rizinusöl	78,21	7,70	958	35,42
Isoparaffin	84,09	3,32	764	24,17

Tabelle 5-3: Ergebnisse der Oberflächenspannungsmessung
Results of the surface tension measurement

Auffallend sind die durchgehend hohen Kontaktwinkel, die mittels der Meniskushöhen errechnet wurden. Sie lagen alle zwischen 78° und 85° und sind auf die guten Benetzungseigenschaften der Testflüssigkeiten auf dem eingesetzten Glas zurückzuführen. Die Messungen zeigten einen vernachlässigbaren Einfluss der Zusatzstoffe bei den Pufferlösungen auf den Kontaktwinkel auf Glas. Die Unterschiede sind wahrscheinlich mit Messungenauigkeiten zu begründen. Hier war ein deutlicher Unterschied zu den Messungen des Kontaktwinkels der drei Flüssigkeiten auf Hartmetall zu erkennen. Somit ist die Wechselwirkung zwischen den Pufferlösungen und dem Glas geringer als bei Hartmetall.

Die Steighöhen der Flüssigkeiten unterschieden sich zum Teil erheblich voneinander. Sie lagen zwischen 3,1 mm bei n-Dodecan und 12,3 mm bei Wasser mit einem pH-Wert von 7 und sind trotz der vergleichbaren Kontaktwinkel über die unterschiedlichen Oberflächenspannungen zu erklären.

Die errechneten Oberflächenspannungen der Flüssigkeiten wiesen Werte zwischen 68 mN/m bei pH7 Wasser und 22 mN/m bei n-Dodecan aus. Der Tabellenwert von pH 7 Wasser für 21 °C lag bei knapp 72 mN/m, was einer Fehlerabweichung von unter 10% entspricht und somit die Gültigkeit der Messmethode unterstreicht.

Auffallend sind wiederum die Unterschiede zwischen den verschiedenen Pufferlösungen. Die Pufferlösung mit einem pH-Wert von 7 wies die größte Steighöhe der drei Testflüssigkeiten und damit auch die mit 67,56 mN/m die größte Oberflächenspannung auf. Die beiden anderen hatten mit 53,84 mN/M für die Pufferlösung mit einem pH-Wert von 4 und 54,95 mN/m für die Pufferlösung mit einem pH-Wert von 10 vergleichbare Werte. Somit hängt die Oberflächenspannung von den beigefügten Stoffen zur Variation des pH-Wertes ab. Ein Verhalten, das sich auch bei den Untersuchungen zu den Benetzungseigenschaften gezeigt hat.

Für den Einsatz als Kühlschmierstoff ist eine geringe Oberflächenspannung von Vorteil, da eine solche Flüssigkeit im Vergleich zu einer anderen Flüssigkeit mit größerer Oberflächenspannung in Risse mit geringeren Abmessungen vordringen kann. Somit wäre aus den Untersuchungen n-Dodecan und Isoparaffin zu wählen. In Verbindung mit den Untersuchungen zu den Benetzungseigenschaften weisen also n-Dodecan und Isoparaffin vielversprechende Eigenschaften hinsichtlich des Einsatzes als Kühlschmierstoff auf. Dies gilt lediglich bei Nichtbetrachtung der sonstigen chemischen Eigenschaften wie Wärmeleitfähigkeit, Viskosität, Wärmekapazität oder Verdampfungswärme.

6 Untersuchungen zum Zerspanverhalten

Investigations regarding the material removal behaviour

Um eine Oberfläche mit optischen Eigenschaften in einem sprödharten Material erzeugen zu können, bedarf es zweier Grundvoraussetzungen: Zum einen muss eine Druckspannung in die Zerspanzone induziert werden und zum anderen darf die Spanungsdicke einen materialspezifischen kritischen Wert nicht überschreiten. Diese Spanungsdicke kennzeichnet den Übergangspunkt von duktilem zu sprödem Materialverhalten. Daher ist für die Auslegung eines Prozesses von besonderem Interesse, diesen materialspezifischen Kennwert und seine Einflüsse zu kennen. Eine Möglichkeit bietet die Gleichung nach BIFANO. Allerdings zeigt diese nur den Einfluss von Materialkennwerten auf und betrachtet keine Prozessparameter wie einen negativen Spanwinkel, der nachweislich eine deutliche Verschiebung der kritischen Spanungsdicke zu größeren Beträgen bewirkt. Darüber hinaus werden auch Umgebungsbedingungen wie der eingesetzte Kühlschmierstoff nicht berücksichtigt. Um das Verständnis zum Einfluss der Eingangsgrößen zu schärfen, wurden Hobelversuche mit einer vergleichbaren Strategie zum Einkornritzversuch durchgeführt. Die Abbildung 6-1 zeigt die Strategie.

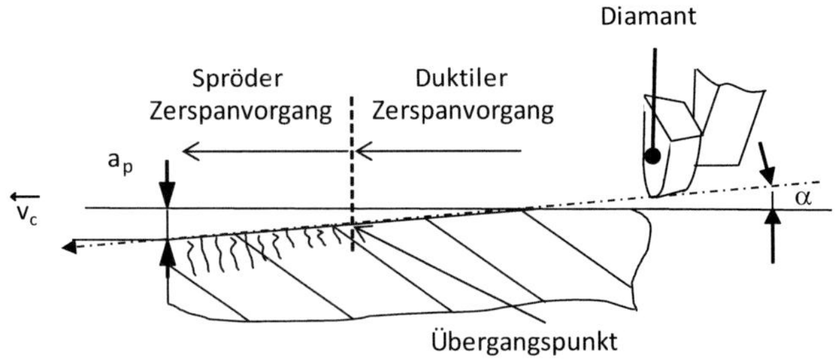

Abbildung 6-1: Strategie der Hobelversuche

Strategy of the ruling investigations

Das Werkzeug trat unter einem bestimmten Winkel α in das Werkstück ein und zerspante dieses mit einer konstanten Schnittgeschwindigkeit bis zu einer Tiefe von ungefähr 2 µm für die konventionellen Untersuchungen und 3 µm für die Versuche mit Ultraschallunterstützung. Dadurch überschritt das Werkzeug die nach BIFANO berechnete kritische Spanungsdicke für das Versuchsmaterial CTN01L von 165 nm deutlich. Besonderes Augenmerk bei den experimentellen Untersuchungen lag auf dem Einfluss der Werkzeugeigenschaften (Radius und Spanwinkel), der Schnittgeschwindigkeit und der Kühlschmierstoffeigenschaften auf den Übergang von duktilem zu sprödhartem Materialverhalten in Form der kritischen Spanungsdicke $h_{cu,krit}$. Der Wahl der Einflussgrößen lag das Vorgehen nach der „Drei-Wagon-Methode" zugrunde. Diese Methode sieht eine schrittweise Untersuchung der Einflussfaktoren vor und wird in Kapitel 4.3 näher beschrieben. Der Einfluss der Temperatur wurde nur indirekt in Form der Schnittgeschwindigkeitsvariation untersucht. Für alle Versuche wurden Standardwerkzeuge eingesetzt, um die Ergebnisse später besser auf den Drehversuch übertragen zu können. Als Prozessmodifikation wurde die Ultraschallunterstützung eingesetzt.

Versuchsauswertung zur Bestimmung der kritischen Spanungsdicke

Der Übergang von duktilem zu sprödem Materialversagen ist durch zwei Charakteristika gekennzeichnet: deutliche Schwankungen in der Kraftmessung und durch einen Anstieg der Oberflächenrauheit. Abbildung 6-2 zeigt einen beispielhaften Kraftverlauf während der hobelnden Bearbeitung von CTN01L mit einer pH 7 Pufferlösung als Kühlschmierstoff.

Deutlich ist ein Anstieg der Kraft mit zunehmender Zerspanungsdauer und damit mit steigender Schnitttiefe zu beobachten. Bis zu einer Dauer von 0,2 Sekunden schwankt die Kraft nur geringfügig, was einen duktilen Abtrag vorrausetzen lässt. Über den bekannten Eintrittswinkel des Werkzeugs in das Material lässt sich eine Schnitttiefe von 1 µm zu dieser Zeit errechnen. Ab diesem Zeitpunkt schwankt der Kraftverlauf deutlichen stärker, was auf einen spröden Materialabtrag mit einer schwellenden Belastung der Werkzeugschneide aufgrund des vermehrten Auftretens von Ausbrüchen und Rissen schließen lässt. Der Übergang von duktilem zu sprödem Materialabtrag wird dabei als kritische Spanungsdicke bezeichnet. Um die teilweise geringfügigen Unterschiede zwischen den einzelnen Hobelspuren identifizieren zu können, war diese Methode allerdings zu ungenau und es bedarf einer alternativen Messmethode.

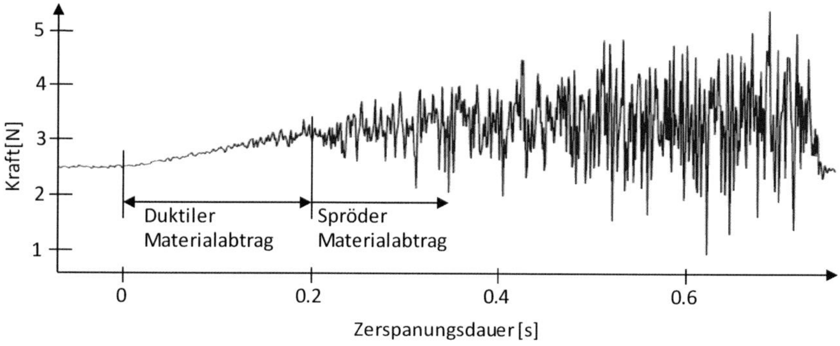

Abbildung 6-2: Beispielhafte Kraftmessung während der Hobelversuche
Exemplary force measurement while the ruling tests

Dazu wurde das zweite Charakteristikum vom Übergang von einem duktilen zu einem sprödharten Materialversagen ausgenutzt, der deutliche Anstieg der Oberflächenrauheit. Während unter duktilen Bedingungen zerspante Oberflächen von einer statistisch gesehen geringen Anzahl an Ausbrüchen und Rissen charakterisiert sind, weisen unter sprödem Materialverhalten bearbeitete Oberflächen zahlreiche großflächige Ausbrüche und Risse auf. Die Abbildung 6-3 zeigt die Aufnahmen einer Hobelspur und REM-Aufnahmen der beiden Oberflächentypen.

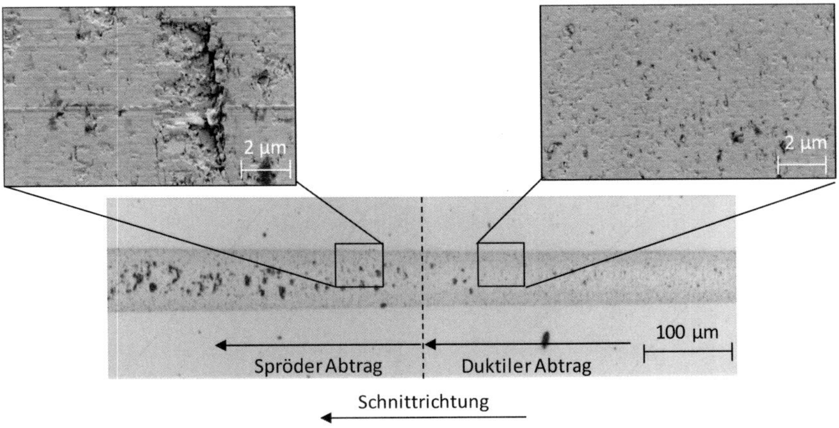

Abbildung 6-3: Hobelspur mit duktiler und spröder Oberflächentopographie
Ruling track with ductile and brittle surface topography

Durch die Vermessung der Hobelspuren in einem Weißlichtinterferometer war es nun möglich, diesen Anstieg an Ausbrüchen zu identifizieren und anschließend die dazugehörige Schnitttiefe zu bestimmen.

Vorversuche haben gezeigt, dass die drei Hartmetalle H10F, J30 und CF-F35Z durch die höheren Binderanteile metallähnliche Eigenschaften besitzen und die kritischen Spanungsdicken bei zweistelligen µm-Werten lagen. Gleichzeitig führten die im Material vorkommenden Hartpartikel und die im Vergleich zum binderlosen Hartmetall CTN01L größeren Binderanteile zu einer gesteigerten schwellenden Belastung der Schneidkante. Diese bedingte einen erhöhten Werkzeugverschleiß, der eine Messung der kritischen Spanungsdicke der drei Hartmetalle H10F, J30 und CF-F35Z unmöglich machte. Daher wurde für die Hobelversuche zur Charakterisierung der Einflüsse auf die kritische Spanungsdicke lediglich auf das Material CTN01L zurückgegriffen und die weiteren Hartmetalle wurden nur für die weiterführenden Plandrehversuche genutzt.

Zuerst erfolgt die Präsentation der Untersuchungen zu den unterschiedlichen Einflüssen der Eingangsgrößen auf die kritische Spanungsdicke bei der konventionellen Zerspanung. Dazu wurden die Prozessstellgrößen systematisch variiert. Anschließend wird der Einfluss des eingesetzten Kühlschmierstoffes auf die kritische Spanungsdicke untersucht. Abschließend erfolgt die Variation der Prozessmodifikation durch den Einsatz der Ultraschallunterstützung.

6.1 Untersuchung der kritischen Spanungsdicke bei der konventionellen Bearbeitung

Investigations on the critical chip thickness while conventional machining

In diesem Teilkapitel werden die Ergebnisse der Untersuchungen zu den verschiedenen Einflüssen der Eingangsgrößen auf die kritische Spanungsdicke bei der konventionellen Bearbeitung beschrieben. Zuerst erfolgte die Betrachtung der Prozessstabilität durch eine häufige Wiederholung eines Versuchspunktes. Anschließend wurden die verschiedenen Prozessstellgrößen wie der Schneideckenradius des Werkzeugs oder die Schnittgeschwindigkeit variiert und deren Einfluss aufgezeigt. Als zusätzliche Eingangsgröße wurde der eingesetzte Kühlschmierstoff näher betrachtet. Jeder empirisch ermittelte Zusammenhang wurde durch eine Ausgleichsgerade in einer Gleichung beschrieben. Zum Abschluss des Kapitels wurden diese Einzelformeln durch die Aufstellung eines auf allen empirisch ermittelten Daten basierenden Gleichungssystems zu einer Gesamtformel zusammengefasst und diese anhand eines zusätzlichen Versuches verifiziert.

6.1.1 Einfluss der Prozessstellgrößen auf die kritische Spanungsdicke $h_{cu,krit}$

Influences of process variables on the critical depth of cut

Als Prozessstellgrößen werden alle jene Eingangsgrößen bezeichnet, die entweder durch die Maschineneinstellungen oder das Werkzeug variiert werden können und damit keinen direkten chemischen Einfluss zeigen. Dieser wurde in einem späteren Kapitel durch die Variation der eingesetzten Kühlschmierstoffe berücksichtigt.

Die durchgeführten Versuche decken die Untersuchungen zum Einfluss des Schneideckenradius und des Spanwinkels der Werkzeuge und der Schnittgeschwindigkeit ab. Alle Eingangsgrößen wurden im Folgenden diskret variiert. Zuerst erfolgte eine Untersuchung zur Stabilität hinsichtlich des Prozesses und der Auswertungsmethode. Anschließend folgten die Untersuchungen zum Einfluss der Eigenschaften der eingesetzten Werkzeuge aus monokristallinem Diamanten, die im Drehprozess unmittelbar die maximale Spanungsdicke und die Druckspannungen in der Zerspanzone bestimmen; also des Schneideckenradius und des Spanwinkels. Abschließend erfolgte die Betrachtung der Schnittgeschwindigkeit. Die untersuchten Prozessparameter sind in Tabelle 4.3 dargestellt.

Untersuchungen zur Stabilität des Prozesses

Zur Überprüfung der Prozessstabilität wurde der Hobelversuch an einem Versuchspunkt 12 Mal wiederholt und jeweils die kritische Spanungsdicke bestimmt. Alle anderen Einflussfaktoren (Prozessparameter und Werkzeugparameter) wurden konstant gehalten. Lediglich der Schneideckenradius des Werkzeugs variiert gering, da für jeden Versuch eine neue Stelle der Diamantschneide benutzt wurde und mehrere Diamanten zum Einsatz kamen. Die Abbildung 6-4 zeigt die gemessenen Ergebnisse für die kritische Spanungsdicke.

Die Messwerte der kritischen Spanungsdicke weisen eine Streuung zwischen 1,02 µm und 1,16 µm auf, wobei der Mittelwert bei 1,096 µm liegt. Das entspricht einer maximalen Abweichung vom Mittelwert von 76 nm für Versuch Nr. 7. Damit liegt die Streuung unter 10%. Unter Berücksichtigung der Mess- und Auswertungsungenauigkeit und des später beschriebenen Einflusses des Schneideckenradius des Werkzeugs kann deshalb von einer guten Wiederholgenauigkeit und damit einer hohen Stabilität des Hobelprozesses zur Untersuchung der Einflüsse auf die kritische Spanungsdicke gesprochen werden. Dies ist vor allem auf die hochgenauen Maschinen und dadurch gleichbleibenden Eingriffsbedingungen zurückzuführen.

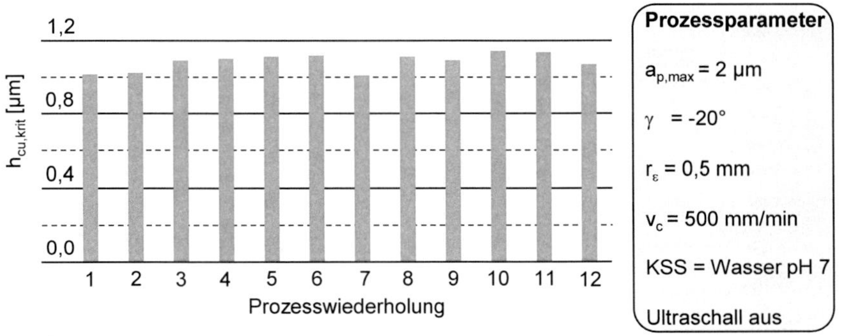

Abbildung 6-4: Auswertung der Versuche „Häufige Wiederholung"
Evaluation of the investigations „frequent repetition"

Einfluss des Schneideckenradius des Werkzeugs $r_ε$ auf $h_{cu,krit}$

Für die Untersuchungen zum Einfluss des Schneideckenradius wurde dieser in vier diskreten Stufen, 0,1 mm, 0,2 mm, 0,3 mm und 0,5 mm, variiert. Die eingesetzten Werkzeuge wiesen alle einen Spanwinkel von -20° auf. Als Kühlschmierstoff wurde Wasser mit einem pH-Wert von 7 für die Hobelversuche ohne Ultraschallunterstützung eingesetzt. Die Abbildung 6-5 zeigt die gemessenen kritischen Spanungsdicken.

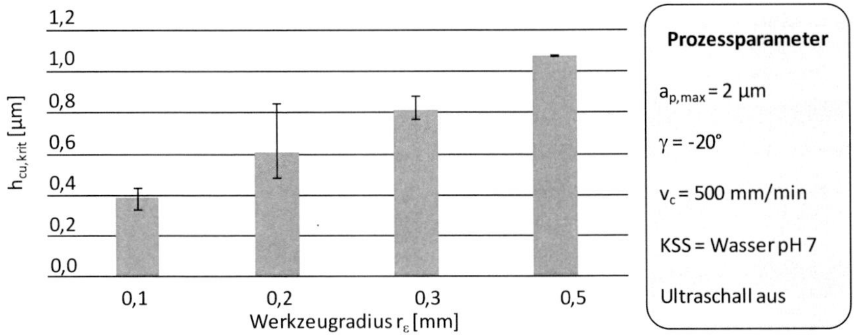

Abbildung 6-5: Kritische Spanungsdicke in Abhängigkeit von dem Schneideckenradius des Werkzeugs
Critical chip thickness depending on the tool radius

Die gemessenen kritischen Spanungsdicken lagen alle deutlich über dem nach BIFANO berechneten Wert von 165 nm. Bei der Zerspanung mit einem Schneideckenradius von 0,1 mm wies die kritische Spanungsdicke $h_{cu,krit}$ mit knapp 0,4 µm den geringsten gemessenen Wert auf, ist aber um einen Faktor von 2,5 höher als der theoretische Wert nach BIFANO. Weiter zeigen die Messwerte einen

Anstieg der kritischen Spanungsdicke mit zunehmendem Schneideckenradius des Werkzeugs. Bei einem Radius von 0,2 mm lag $h_{cu,krit}$ bei knapp 0,6 µm und stieg von 0,8 µm bei R = 0,3 mm auf über 1,1 µm bei einem Schneideckenradius von 0,5 mm. Dieser letzte Wert entspricht einem Anstieg um das 6,5-Fache gegenüber dem theoretischen Wert nach BIFANO.

Die Ergebnisse der Hobelversuche zeigen, dass mit steigendem Radius die kritische Spanungsdicke zunimmt. Dieser Übergang vom duktilen zu sprödem Materialverhalten ist mit einer deutlichen Zunahme der Rissbildung zu verzeichnen. Die Abbildung 6-6 zeigt REM-Aufnahmen der Oberfläche nach der Bearbeitung entlang der Hobelspur. Dabei steigt die Schnitttiefe von links nach rechts an.

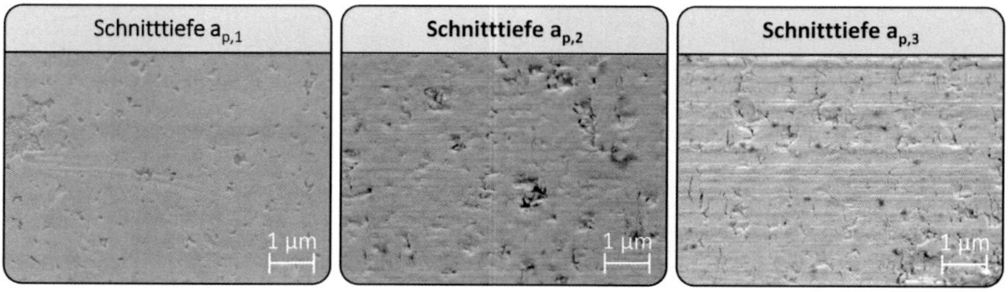

Abbildung 6-6: Aufnahmen der bearbeiteten Oberflächen entlang der Hobelspur
Images of the machined surfaces along the ruling groove

Deutlich ist eine Zunahme der Risse mit zunehmender Schnitttiefe zu erkennen. Dieses Verhalten spiegelt sich auch im Kraftverlauf wider (Abbildung 6-2). Durch einen auftretenden Riss fällt die Kraft kurzzeitig ab, da durch die Rissbildung Energie verbraucht wird. Anschließend zerspant das Werkzeug wieder rissfreies Material. Die Kraft steigt wieder an. Mit zunehmender Schnitttiefe wird die Kraftschwankung größer, da sich mehr Risse im Material bilden.

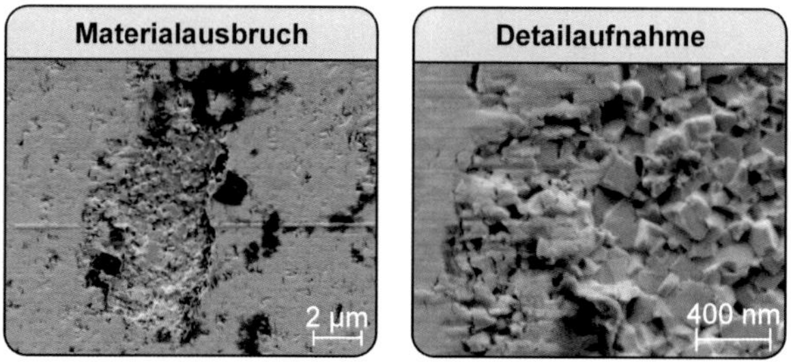

Abbildung 6-7: Ausbruch der Körner im Kollektiv
Pull out of the grains in a collective body

Für die Entstehung eines Makrorisses ist erst eine hohe Anzahl an Mikrorissen notwendig. Mit einer zunehmenden Materialbelastung entsteht erst eine höhere Dichte an Mikrorissen, bevor sich anschließend Makrorisse bilden [WITT10]. Bei der Zerspanung des binderlosen Hartmetalls scheinen diese Makrorisse dazu zu führen, dass nicht nur einzelne Körner, sondern Kornkollektive ausbrechen. Ein Verhalten, das sich für einen beispielhaften Ausbruch in Abbildung 6-7 zeigt.

Durch die steigende Zustellung steigt bei ansonsten konstanten Parametern die eingebrachte Energie, die direkt proportional zur zerspanten Fläche ist. Unter idealen Bedingungen, also keine elastische und plastische Verformung des Materials und keine Welligkeit der Werkzeugschneide, kann die zerspante Fläche während der Hobelversuche als Kreissegment beschrieben werden. Die Abbildung 6-8 zeigt die geometrischen Zusammenhänge an einem Kreissegment und die für die Berechnung der zerspanten Fläche notwendige Gleichung.

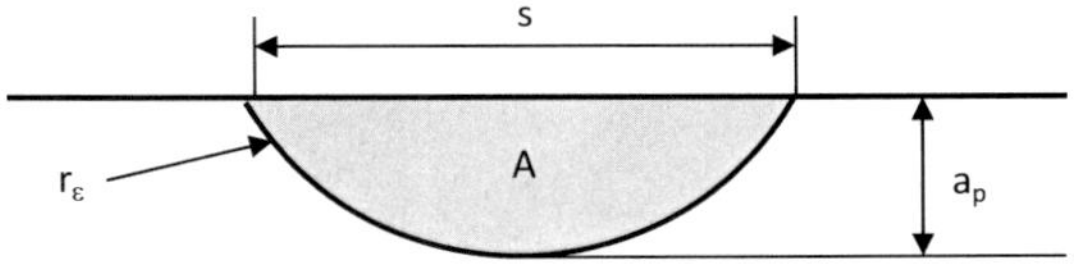

$$A = {}^2/_3 \cdot s \cdot a_p = {}^2/_3 \cdot 2\sqrt{2r_\varepsilon \cdot a_p - a_p^2} \cdot a_p$$

Abbildung 6-8: Geometrische Zusammenhänge eines Kreissegments
Geomnetrical correlations of a spherical segment

Die nächste Abbildung zeigt eine grafische Darstellung der gemessenen kritischen Spanungsdicken über den an der kritischen Spanungsdicke berechneten Flächen.

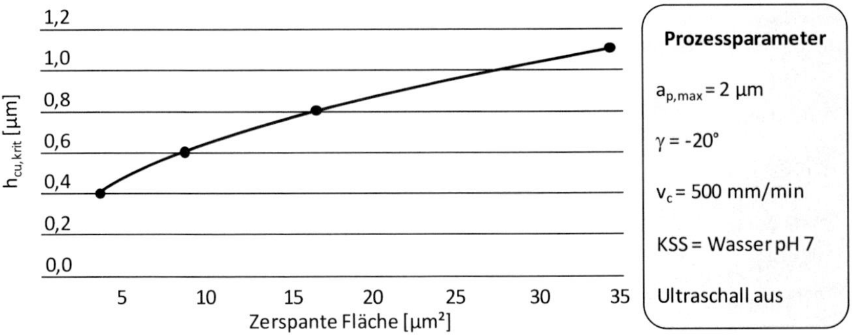

Abbildung 6-9: Kritische Spanungsdicke in Abhängigkeit von der zerspanten Fläche
Critical depth of cut in relation to the cut surface

Das GRIFFITH-Kriterium findet zwar lediglich bei der Beschreibung vom Bruchverhalten von idealen spröden Materialien Anwendung, aber trotzdem kann die eingebrachte Energie weiterhin als treibende Kraft für die Entstehung und Ausbreitung von Rissen angesehen werden. Zur Bildung eines Makrorisses muss damit erst eine materialabhängige Energie eingebracht werden, die sich aus der

Summe der Energien zur Bildung der Mikrorisse zusammensetzt. Erst nach dem Einbringen dieser kritischen Energie verbinden sich die Mikrorisse zu Makrorissen und das Material versagt großflächig und damit mit einem spröden Verhalten. Ein Verhalten, das durch die Literatur, unter anderem von [WITT10], prognostiziert wird. Somit muss die kritische Spanungsdicke mit zunehmendem Schneideckenradius des Werkzeugs steigen, da die Energie auf eine größere Fläche verteilt wird und so die notwendige Energie zur Bildung der Makrorisse erst bei tieferen Schnitttiefen erreicht wird. Der in Abbildung 6-9 dargestellte Kurvenverlauf lässt einen Zusammenhang zwischen der kritischen Spanungsdicke und dem Spanungsquerschnitt an der Stelle vermuten.

Die Gleichung nach BIFANO errechnet die kritische Spanungsdicke für den statischen Fall; also losgelöst von jeglichen Umgebungseinflüssen wie zum Beispiel der eingebrachten Wärme. Durch die herrschende Schnittgeschwindigkeit wird Wärme in der Zerspanzone erzeugt, die den Materialabtrag durch Herabsetzen der Härte begünstigen sollte. Dies würde dann zur Verschiebung der kritischen Spanungsdicken zu größeren Werten führen. Allerdings weist der Diamant eine 16-fach höhere Wärmeleitfähigkeit als das Wolframkarbid des binderlosen Hartmetalls (2000 W/mk für Diamant gegenüber 120 W/mK für Wolframkarbid) auf, sodass die Wärme wahrscheinlich sehr schnell aus der Zerspanzone abgeleitet wird. In wieweit sich die entstehende Wärme somit auf die Zerspanzone auswirken kann, kann durch die Versuche nicht abschließend festgestellt werden, da die Temperatur in der Zerspanzone nicht messbar ist. Einen Aufschluss könnte der Einfluss der Schnittgeschwindigkeit geben, da durch eine steigende Schnittgeschwindigkeit mehr Wärme in der Zerspanzone erzeugt wird.

Die Ergebnisse der Untersuchungen wurden zusammen mit den anschließenden Versuchen zum Einfluss des Spanwinkels der eingesetzten Werkzeuge formelmäßig zusammengefasst.

Einfluss des Werkzeugspanwinkels γ auf $h_{cu,krit}$

Als weitere Werkzeugeigenschaft wurde der Einfluss des Spanwinkels auf die kritische Spanungsdicke von Nanokorn-Hartmetall analysiert. Diese Untersuchungen sahen die Variation des Spanwinkels in drei diskreten Stufen (-10°, -20° und -30°) vor. Alle Diamantwerkzeuge hatten einen Radius von 0,2 mm. Aus dem Stand der Technik ist abzuleiten, dass negative Spanwinkel die duktile Zerspanung von sprödharten Materialien fördern [BLAC91] [BERT07]. Voruntersuchungen mit Spanwinkeln von 0° zeigten einen unmittelbaren Verschleiß der Diamantwerkzeuge, da die Belastung der Schneidkante zu groß wurde und die Werkzeuge dadurch unmittelbar versagten.

Die gemessene kritische Spanungsdicke $h_{cu,krit}$ nach der Zerspanung mit Werkzeugen mit einem Spanwinkel von -10° lagen bei knapp über 0,5 µm; bei Werkzeugen mit einem Spanwinkel von -20° bei 0,6 µm und bei einem Spanwinkel von -30° bei 0,8 µm. Der Einfluss des Spanwinkels zeigt somit einen Anstieg bei zunehmendem Betrag dieses. Ein Verhalten, das sich auf die These von MOHR stützt, wonach die Schubfließgrenze vor der Schubbruchgrenze erreicht werden kann, sobald eine Druckspannung in der Zerspanzone vorliegt. Gleichzeitig bestätigen diese Ergebnisse die Untersuchungen durch BLAKE. Durch den größeren Spanwinkel wurden höhere Druckspannungen in das Material eingebracht und das Belastungskollektiv im MOHR'schen Spannungskreis zu höheren Druckbelastungen verschoben (Abbildung 2-4). Dadurch wurde die Schubbruchgrenze und damit die kritische Spanungsdicke erst bei größen Schnitttiefen erreicht.

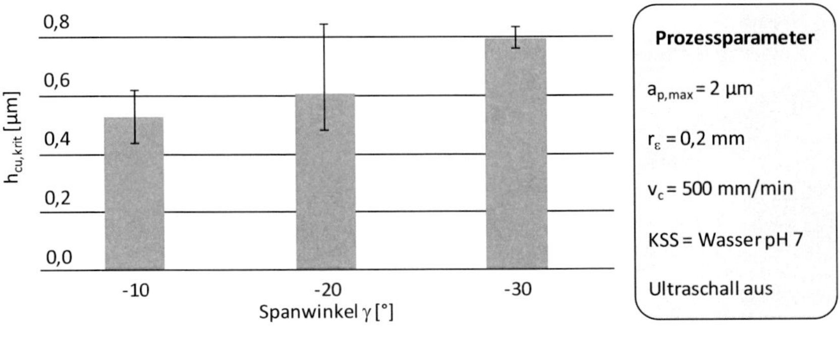

Abbildung 6-10: Kritische Spanungsdicke in Abhängigkeit vom Spanwinkel

Critical chip thickness depending on the rake angle

Die experimentellen Untersuchungen zeigten einen deutlichen Einfluss des Schneideckenradius r_ε und des Spanwinkels γ auf die kritische Spanungsdicke $h_{cu,krit}$. Auf Basis der Messergebnisse wurde eine Gleichung erstellt, die eine Möglichkeit zur Vorhersage der kritischen Spanungsdicke bei der Zerspanung von CTN01L mit Wasser mit einem pH-Wert von 7 liefert. Dazu wurde aus den Messergebnissen für die kritische Spanungsdicke und den Eingangsgrößen r_ε und γ ein lineares Gleichungssystem mit sechs Einzelgleichungen erstellt. Die zugrunde gelegte Gleichung sah dabei jeweils wie folgt aus:

$$\mathrm{h_{cu,krit,i}}\,[\mathrm{\mu m}] = x_i[\mu m/mm] \cdot \mathrm{r_{\varepsilon,i}}[\mathrm{mm}] - y_i[\mu m/°] \cdot \gamma[°]$$ Gleichung 6-1

Das Gleichungssystem wurde anschließend mit der „Methode der kleinsten Fehlerquadrate“ mit der Software Matlab gelöst und darüber die Koeffizienten x_i und y_i bestimmt. Das Ergebnis zeigt die Gleichung 6-2. Dabei sind der Schneideckenradius des Werkzeugs in [mm] und der Spanwinkel in [°] einzusetzen. Die Abweichung der Messwerte von den berechneten Werten liegt bei maximal 7%.

$$\mathrm{h_{cu,krit}}\,[\mathrm{\mu m}] = 1{,}644\,[\mathrm{\mu m/mm}] \cdot \mathrm{r_\varepsilon}[\mathrm{mm}] - 0{,}0142\,[\mathrm{\mu m/°}] \cdot \gamma[°].$$ Gleichung 6-2

Die betragsmäßige Größe der Koeffizienten hängt dabei von der Wahl der Einheiten für die Eingangsgrößen ab. Somit lässt sich zum Beispiel nicht sagen, dass der Radius einen 100-fach höheren Einfluss auf die kritische Spanungsdicke hat als der Spanungswinkel. Allerdings zeigen die Koeffizienten, ob der Einfluss auf die kritische Spanungsdicke positiv oder negativ ist. Ein positiver Koeffizient signalisiert in der Regel auch, dass mit einem steigenden Betrag der Eingangsgröße die kritische Spanungsdicke zu größeren Tiefen verschoben wird. Im Fall des Spanwinkels ist allerdings zu beachten, dass dieser selbst negativ ist und somit das Produkt aus Spanwinkel und Koeffizient positiv ist. Damit zeigt sich auch hier der positive Einfluss des Spanwinkels auf die kritische Spanungsdicke.

Die ursprüngliche Versuchsplanung sah vor, dass auch Werkzeuge mit negativem Spanwinkel für die Untersuchungen mit Ultraschallunterstützung genutzt werden sollten. Allerdings zeigten die Voruntersuchungen hierbei, dass die zusätzliche Vibration zu einem unmittelbaren Versagen der Diamantwerkzeuge führt. Es ist aus Arbeiten bekannt, dass die Ultraschallunterstützung zu einer Verschiebung der kritischen Spanungsdicke zu größeren Tiefen führt [RUEB01]. Die so eingebrachte Druckspannung scheint die Belastungsgrenze der Diamantwerkzeuge zu übersteigen, sodass diese abrasiv versagen.

Einfluss der Schnittgeschwindigkeit v_c auf $h_{cu,krit}$

Wie im Kapitel 2 beschrieben, werden manche Prozesseinflüsse in der Gleichung von BIFANO indirekt berücksichtigt. So kann die im Prozess entstehende Wärme einen Einfluss auf die Härte des Materials und damit auch auf die kritische Spanungsdicke haben. Bei den Untersuchungen zum Einfluss des Schneideckenradius des Werkzeugs zeigte sich, dass die kritische Spanungsdicke mit zunehmendem Radius ansteigt, was auf eine höher eingebrachte Energie und auch Wärme in der Zerspanzone zurückzuführen sein könnte.

In diesem Teilkapitel wird nun der Einfluss der Schnittgeschwindigkeit auf die kritische Spanungsdicke beschrieben. Dazu wurde die Schnittgeschwindigkeit v_c diskret in drei Stufen variiert: 300 mm/min, 500 mm/min und 700 mm/min. Alle anderen Einflussfaktoren wurden konstant gehalten. Aufgrund des Aufbaus der Hobelachse der Maschine ist die erreichbare Schnittgeschwindigkeit beschränkt. Eine Schnittgeschwindigkeit, die normalerweise bei der drehtechnischen Bearbeitung genutzt wird, konnte daher nicht erreicht werden. Die Abbildung 6-11 zeigt die gemessenen Ergebnisse für die kritische Spanungsdicke und die verwendeten Prozessparameter.

Die gemessenen kritischen Spanungsdicken stiegen von 0,88 µm bei der Bearbeitung mit einer Schnittgeschwindigkeit von v_c = 300 mm/min über 1,07 µm bei v_c = 500 mm/min auf 1,16 µm bei einer Zerspanung mit v_c = 700 mm/min. Der Anstieg der kritischen Spanungsdicke ist dabei voraussichtlich auf eine höhere Temperatur in der Zerspanzone zurückzuführen. Würde lediglich die eingebrachte Energie eine Rolle spielen, so müsste die kritische Spanungsdicke mit steigender Schnittgeschwindigkeit abnehmen, da dann die kritische Energie bei gleichbleibendem Schneideckenradius des Werkzeugs bei geringerer Fläche und damit bei einer geringeren Schnitttiefe erreicht wird. Allerdings ist dies nicht der Fall, sodass eine Überlagerung der beiden Einflüsse wahrscheinlich ist. Die Gleichung nach BIFANO zeigt lediglich einen indirekten Einfluss der Schnittgeschwindigkeit, da beispielsweise die Härte des Materials durch einen erhöhten Wärmeeintrag in die Zerspanzone abnimmt und damit die kritische Spanungsdicke steigt. Durch die geringere Härte des Materials wird eine Zerspanung erleichtert. Ein Verhalten, das auch die gemessenen Ergebnisse erklären kann. Durch eine höhere Schnittgeschwindigkeit wird mehr Energie in die Zerspanzone eingebracht, die zu einer lokalen Erwärmung dieser führt. Dadurch nimmt die Materialhärte unmittelbar vor der Schneide ab und lässt sich unter geringerem Aufwand plastisch verformen; somit steigt die kritische Spanungsdicke bei höheren Schnittgeschwindigkeiten an.

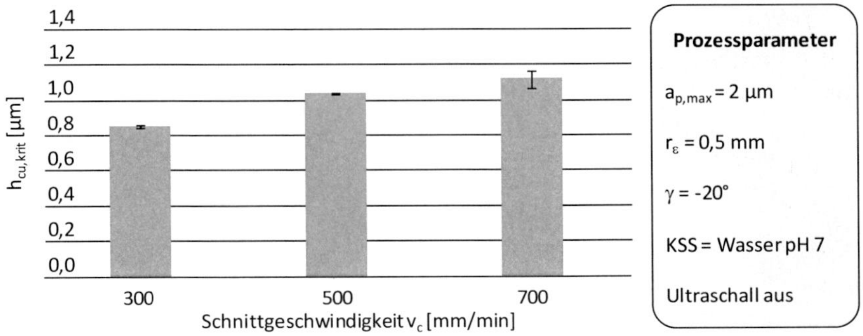

Abbildung 6-11: Kritische Spanungsdicke in Abhängigkeit von der Schnittgeschwindigkeit
Critical chip thickness depending on the cutting speed

Auch auf Basis der gemessenen Ergebnisse konnte wiederum eine Ausgleichsgerade abgeleitet werden, die den reinen Einfluss der Schnittgeschwindigkeit auf die kritische Spanungsdicke beschreibt. Dabei ist die Schnittgeschwindigkeit in die Gleichung 6-3 in [m/min] einzusetzen. Die Abweichung der gemessenen Werte von den berechneten liegt bei knapp 3%.

$$h_{cu,krit}\,[\mu m] = 0{,}6925\,[\mu m] + 0{,}7[\mu m \cdot min/m] \cdot v_c[m/min] \qquad \text{Gleichung 6-3}$$

Zwischenfazit zum Einfluss der Prozessstellgrößen auf $h_{cu,krit}$

Die Bestimmung des Übergangspunktes von duktilem zu sprödhartem Materialverhalten erfolgte mittels Hobelversuchen mit zunehmender Schnitttiefe. Mithilfe der Weißlichtinterferometrie ließen sich diese Schnitttiefen bestimmen und miteinander vergleichen. Die Auswertung der Versuche zeigten einen deutlichen Einfluss der Prozessstellgrößen Schneideckenradius des Werkzeugs, Spanwinkel und Schnittgeschwindigkeit auf die kritische Spanungsdicke. So stieg die kritische Spanungsdicke sowohl mit Zunahme des Schneideckenradius und der Schnittgeschwindigkeit an. Ein betragsmäßig größerer negativer Spanwinkel führte zu höheren Druckspannungen in der Zerspanzone und auch zu einer Steigerung der kritischen Spanungsdicke. Basierend auf den empirisch ermittelten Daten wurde mit der Software MATLAB eine formelmäßige Beschreibung zu den Zusammenhängen zwischen den Eingangsgrößen und den gemessenen kritischen Spanungsdicken in dem Versuchsraum abgeleitet. Im Anschluss an dieses Teilkapitel erfolgt die Beschreibung der Untersuchungen zum Einfluss der Kühlschmierstoffeigenschaften auf die kritische Spanungsdicke.

6.1.2 Einfluss der Kühlschmierstoffeigenschaften auf die kritische Spanungsdicke bei der konventionellen Zerspanung

Influence of the properties of the cutting fluid on the critical depth of cut while conventional machining

Dieses Kapitel beschäftigt sich mit dem Einfluss der Eigenschaften der eingesetzten Kühlschmierstoffe und dient dem Nachweis zum chemischen und physikalischen Einfluss auf die kritische Spanungsdicke von CTN01L. Lediglich der pH-Wert lässt sich bei sonst konstanten anderen Charakteristika durch den Einsatz von Pufferlösungen in Stufen diskret variieren. Bei der Wahl der Kühlschmierstoffe wurde beachtet, dass unterschiedliche chemische Stoffe zum Einsatz kamen. Daneben wurden zwei kommerziell verfügbare Kühlschmierstoffe, EcoCool S-CO5 zum konventionellen Schleifen von Hartmetall und Isoparaffin als Standardkühlschmierstoff der UP-Bearbeitung, untersucht. Als Referenz diente die Bearbeitung unter Luft. Erst erfolgte die Untersuchung zum Einfluss des pH-Wertes auf die kritische Spanungsdicke und anschließend der anderen Kühlschmierstoffeigenschaften. Zur Validierung der Prozessstreuung wurde abschließend ein Versuchspunkt unter möglichst konstanten Bedingungen wiederholt, um so auf die Prozessstabilität schließen zu können.

Einfluss des pH-Werts des Kühlschmierstoffes auf $h_{cu,krit}$

Bei den Untersuchungen zum pH-Wert wurde dieser durch den Einsatz von Pufferlösungen in fünf Stufen (pH 1, pH 4, pH 7, pH 10 und pH 12) variiert. Alle anderen Eigenschaften wie Viskosität und Verdampfungswärme der Pufferlösungen blieben konstant. Somit zeigen die gemessenen Werte in Abbildung 6-12 für die kritische Spanungsdicke lediglich den Einfluss des pH-Wertes.

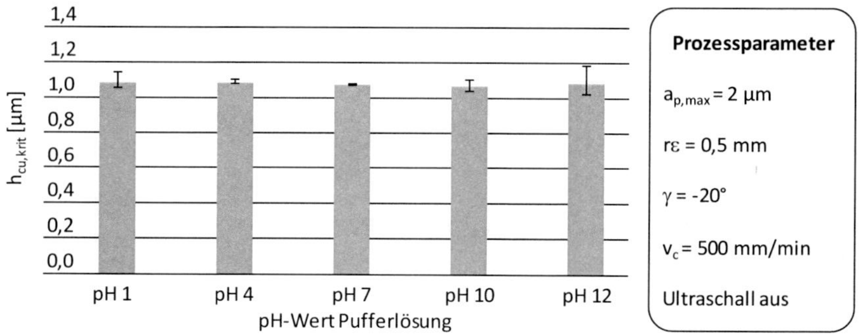

Abbildung 6-12: Ergebnisse der Untersuchungen des Einflusses des pH-Wertes auf $h_{cu,krit}$ mit Pufferlösungen

Results of the investigations of the influence of the pH-vaue on $h_{cu,crit}$ with buffer solutions

Alle errechneten Mittelwerte liegen zwischen 1,06 µm und 1,08 µm und zeigen damit, dass der pH-Wert des eingesetzten Kühlschmierstoffes bei der Zerspanung von CTN01L keinen signifikanten Einfluss auf die kritische Spanungsdicke hat. Die Schwankungen zwischen den einzelnen Versuchen lassen sich auf die unterschiedlichen Werkzeugradien und Messungenauigkeiten zurückführen.

Aus den vorangegangenen Versuchen zum Einfluss des pH-Wertes ist bekannt, dass die Unterschiede in der kritischen Spanungsdicke zwischen den einzelnen Pufferlösungen äußerst gering sind. Die Messungen der Benetzungseigenschaften und der Oberflächenspannung zeigten aber sehr wohl Unterschiede. Dort zeigte die Pufferlösung mit einem pH-Wert von 7 die größte Oberflächenspannung und den geringsten Kontaktwinkel. Die anderen beiden Pufferlösungen wiesen jeweils vergleichbare Werte auf. Laut Herstellerangaben unterscheiden sich alle Lösungen nicht bei ihren anderen Eigenschaften wie Viskosität, Wärmeleitfähigkeit oder Wärmekapazität. Daraus lässt sich schlussfolgern, dass bei sonst vergleichbaren Eigenschaften ein Zusammenspiel aus Benetzungseigenschaften und der Oberflächenspannung zu einem gleichen Einfluss auf die kritische Spanungsdicke führt. Somit könnte sich zum Beispiel eine schlechte Benetzung durch eine geringe Oberflächenspannung kompensieren lassen.

Zur Absicherung der Untersuchungsergebnisse wurden Mischungen aus Glycerin und Pufferlösungen mit pH-Werten von pH 1, pH 7 und pH 12 angefertigt und die Versuche wiederholt. Auch die Auswertung dieser Werte zeigte keinen signifikanten Einfluss des pH-Wertes, was durch die hohe chemische Beständigkeit des Wolframcarbides gegenüber Säuren und Basen und dem sehr geringen Binderanteil beim CTN01L erklärbar ist. Abbildung 6-13 zeigt die Ergebnisse der Messungen der kritischen Spanungsdicke bei der Bearbeitung mit diesen Gemischen.

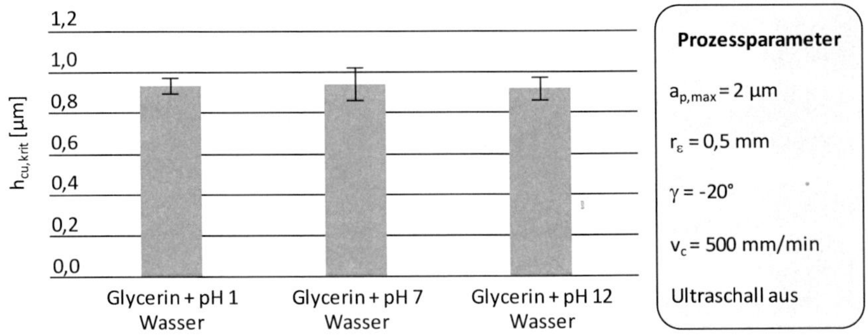

Abbildung 6-13: Ergebnisse der Untersuchungen des Einflusses des pH-Wertes auf $h_{cu,krit}$ mit einem Glycerin-Pufferlösung-Gemisch

Results of the investigations of the influence of the pH-vaue on $h_{cu,crit}$ with a glycerol-buffer solution mixture

Bei anderen Materialien kann ein Einfluss vom pH-Wert durchaus nachgewiesen werden. Die Abbildung 6-14 zeigt die Messwerte für die beiden Gläser BK7 und N-PSK53. Die Gläser weisen unterschiedliche Resistenzen gegenüber Laugen und Säuren auf. Die Eigenschaften werden in den Säure- bzw. Alkali-Resistenzklassen wiedergegeben. Zur Einteilung dient dabei die Zeitdauer, die bei einer Temperatur von 25 °C zum Abtrag einer Schicht von 100 µm benötigt wird (SCHO18). BK7 besitzt eine hohe Resistenzklasse gegenüber Säuren (Klasse 1) und eine mittlere gegenüber Laugen (Klasse 2.3). N-PSK53 dagegen weist eine Resistenz gegenüber Säuren der Klasse 4 und gegenüber Laugen der Klasse 2 auf. Eine niedrigere Zahl bedeutet dabei, dass die Zeit zum Abtragen der Schicht länger ist. Bei 1 ist die Zeit mit über 100 Stunden am längsten und das Material wird als säure- beziehungsweise als alkaliresistent bezeichnet.

Die Messwerte zeigen einen deutlichen Anstieg gegenüber dem theoretischen Wert nach BIFANO. Die berechnete kritische Spanungsdicke von BK7 liegt bei 62 nm und von N-PSK53 bei 115 nm. Bei dem Glas BK7 nimmt die kritische Spanungsdicke mit steigendem pH-Wert leicht zu. Ein Verhalten, das durch die chemische Stabilität des Glases verursacht wird. Die äußerst hohe Resistenz gegenüber

Säuren führt zu einer geringeren kritischen Spanungsdicke als bei den Versuchen mit Wasser mit einem pH-Wert von 10, wo der Widerstand nicht so ausgeprägt ist. Bei N-PSK53 dagegen zeigt sich eine geringe Abnahme der kritischen Spanungsdicke beim Einsatz eines alkalischen Kühlschmiermittels, was auf die geringere Resistenz gegenüber basischen Stoffen zurückzuführen ist. Insgesamt zeigen diese Versuche, dass der pH-Wert des eingesetzten Kühlschmiermittels durchaus einen Einfluss auf die kritische Spanungsdicke haben kann. Durch die Säure oder die Base wird die Oberfläche des Materials angegriffen und in der Härte verringert, wodurch sich wiederum das Material unter geringerem Energieeintrag plastisch verformen lässt und damit die kritische Spanungsdicke steigt. Ein Sachverhalt, der durchaus bekannt und beschrieben ist.

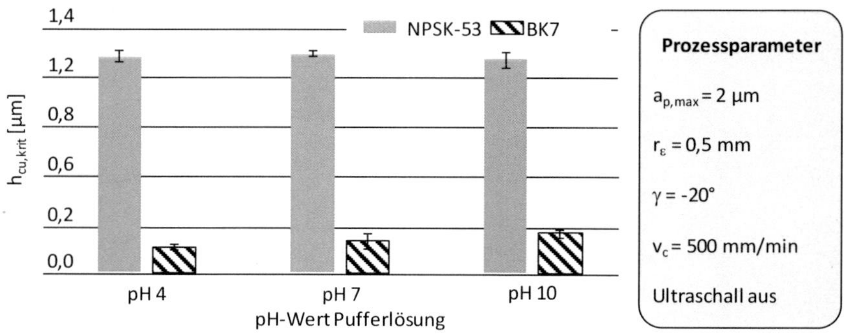

Abbildung 6-14: Einfluss des pH-Wertes auf die kritische Spanungsdicke bei der Zerspanung der Gläser BK7 und N-PSK53

Influence of the pH-value on the critical depth of cut while machining the glass types BK7 and N-PSK53

Einfluss der weiteren Eigenschaften der Kühlschmierstoffe auf $h_{cu,krit}$

Wie bereits eingangs erwähnt, lassen sich die sonstigen Eigenschaften der Kühlschmierstoffe nicht diskret einstellen. Daher wurde bei den Untersuchungen darauf geachtet, möglichst viele chemische Stoffgruppen zu verwenden. Zum Einsatz kamen Kohlenwasserstoffe (Isoparaffin, n-Dodecan), Alkohol (Glycerin), Ether (Polyethylenglycol) und ein Öl (Rizinusöl). Des Weiteren kamen die beiden kommerziell verfügbaren Kühlschmierstoffe EcoCool S-CO5 (wassermischbar, synthetisch) und Isoparaffin zum Einsatz. Als Referenz diente eine Bearbeitung mit Luft.

Die chemischen Eigenschaften der Kühlschmierstoffe können vielfältig sein. Trotzdem wurde bei der späteren formelmäßigen Beschreibung nur die Eigenschaften Viskosität h, Wärmeleitfähigkeit λ, Wärmekapazität c und Verdampfungswärme ΔQv genutzt, da diese Angaben zumeist vom Hersteller angegeben werden. Andere Eigenschaften, wie die Benetzung oder die Oberflächenspannung, wurden bei dieser Betrachtung nicht berücksichtigt, da diese Kennwerte von den Herstellern nur äußerst selten in den Produktdatenblättern angegeben werden und damit weiterer Untersuchungen durch den Anwender bedürfen.

Abbildung 6-15 zeigt die gemessenen Werte für $h_{cu,krit}$ in Abhängigkeit von dem eingesetzten Kühlschmierstoff. Bei Wasser wird nur der Messwert für den Hobelversuch für einen pH-Wert von 7 angegeben, da sich gezeigt hat, dass der pH-Wert bei der Bearbeitung von CTN01L keinen signifikanten Einfluss hat.

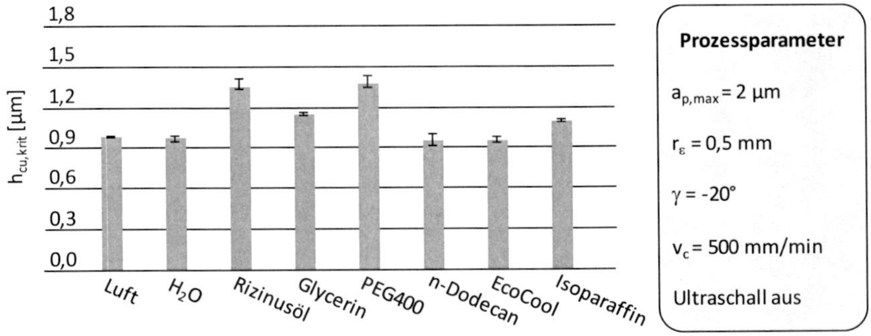

Abbildung 6-15: Einfluss des Kühlschmierstoffes auf $h_{cu,krit}$ bei der Zerspanung von CTN01L
Influence of the cutting fluid on $h_{cu,crit}$ while machining of CTN01L

Die gemessenen Werte verdeutlichen den erheblichen Einfluss des eingesetzten Kühlschmierstoffs auf die kritische Spanungsdicke. Die Untersuchung mit Luft diente dem Nachweis des Einflusses der Prozessparameter und der Werkzeugeigenschaften (Kapitel 6.1). Die Auswertung zeigt ein $h_{cu,krit}$ bei der Zerspanung mit Luft von 1,10 µm; einen um den Faktor 6 erhöhten Wert des theoretischen Wertes nach BIFANO von 165 nm.

Die beiden höchsten kritischen Spanungsdicken stellten sich bei den Hobelversuchen mit Rizinusöl und mit Polyethylenglycol ein. Dabei wurden Werte von jeweils knapp 1,50 µm erreicht. Bei der Verwendung von Wasser, EcoCool S-CO5 und n-Dodecan blieb der Wert von $h_{cu,krit}$ gegenüber der Zerspanung mit Luft mit 1,08 µm unverändert. Dazwischen lag die Werte bei der Zerspanung mit Isoparaffin mit 1,23 µm und bei Glycerin mit 1,29 µm.

Wie bereits beschrieben, zeigt der pH-Wert der Pufferlösung keinen erkennbaren Einfluss auf die kritische Spanungsdicke. Allerdings unterscheiden sich die eingesetzten Pufferlösungen in ihren Benetzungseigenschaften gegenüber CTN01L und den Oberflächenspannungen. Ein ähnliches Verhalten zeigte sich auch beim Einsatz von n-Dodecan als Kühlschmierstoff im Vergleich zur Bearbeitung mit der pH 7 Pufferlösung. Das n-Dodecan zeigt gegenüber CTN01L ähnliche Benetzungseigenschaften wie die Pufferlösung. Allerdings unterscheiden sich die anderen Eigenschaften zum Teil deutlich. So ist zum Beispiel die Viskosität um den Faktor 2 höher und die Wärmeleitung um den Faktor 4 kleiner. Das verdeutlicht, dass das Zusammenspiel der unterschiedlichen chemischen und physikalischen Eigenschaften zum Einfluss auf die kritische Spanungsdicken führt.

Es lässt sich, außer bei dem pH-Wert, keine abschließende Aussage darüber treffen, inwieweit eine gewisse Eigenschaft der Flüssigkeit die kritische Spanungsdicke beeinflusst. Dennoch erlaubt die

Software MATLAB die Lösung eines Gleichungssystems wie in den vorangegangenen Kapiteln und damit die Erstellung einer Gleichung zur Beschreibung der kritischen Spanungsdicke in Abhängigkeit von den Kühlschmierstoffeigenschaften wie folgt:

$$h_{cu,krit} = 1{,}74 + 0{,}68 \cdot h + 0{,}058 \cdot C - 0{,}70 \cdot \lambda - 0{,}01 \cdot \Delta Q_v$$

Gleichung 6-4

Dabei ist die dynamische Viskosität h in kg/sm³, die Wärmekapazität C in kJ/kgK, die Wärmeleitfähigkeit λ in kJ/kg und die Verdampfungswärme ΔQ_v in kJ/mol einzusetzen. Die Konstante hat die Einheit [µm]. Die Abweichung zwischen den Messwerten und den errechneten Werten liegt bei maximal 2%, was einer sehr guten Übereinstimmung entspricht. Für die Gleichung wurden die Werte von der Bearbeitung mit Isoparaffin nicht zugrunde gelegt. Diese dienten im nächsten Kapitel zur Validierung der Gleichung.

Anhand der gemessenen kritischen Spanungsdicken nach der Bearbeitung mit Wasser und Luft lässt sich die Theorie aufstellen, dass die Wärmeabfuhr durch die Flüssigkeit keinen signifikanten Einfluss auf die kritische Spanungsdicke hat, da sich die gemessenen Werte nicht unterscheiden. Der als Werkzeug eingesetzte monokristalline Diamant weist eine äußerst hohe Wärmeleitfähigkeit von 2000 W/mK auf; Wasser dagegen besitzt eine Wärmeleitfähigkeit von 0,6 W/mK. Daraus ist ersichtlich, dass die entstehende Wärme eher über den Diamanten als über das Wasser abgeführt wird. Die Gleichung 6-4 zeigt allerdings für die Wärmeleitfähigkeit einen negativen Koeffizienten. Mit steigendem Betrag der Wärmeleitfähigkeit wird pro Zeiteinheit dem Körper mehr Wärme entzogen und damit die Temperatur in der Zerspanzone herabgesetzt. Da während der Bearbeitung kontinuierlich Kühlschmierstoff zugeführt wird, spielt die Wärmekapazität der Flüssigkeit für den Wärmeabtransport nur eine untergeordnete Rolle. Ähnliches gilt für die Verdampfungswärme, die nur einen geringen Einfluss auf den Wärmeabtransport bei der Bearbeitung zeigt.

Mithilfe der Messergebnisse kann daher geschlussfolgert werden, dass eine Wärmeabfuhr durch den Kühlschmierstoff bei der Ultrapräzisionszerspanung mit monokristallinen Diamantwerkzeugen einen eher negativen Einfluss auf die kritische Spanungsdicke von CTN01L hat.

Gleichzeitig signalisiert die Gleichung einen positiven Einfluss der Viskosität der Testflüssigkeit. Durch die Viskosität wird vor allem der Reibungskoeffizient zwischen den bei der Zerspanung beteiligten Partnern beeinflusst; mit steigender Viskosität wird die Reibung verringert, die Schmierung wird verbessert. Dies bedeutet aber auch, dass durch die geringere Reibung weniger Wärme in der Zerspanzone entsteht und damit eine Bearbeitung eigentlich erschwert werden sollte. Weiter ist bekannt, dass die Viskosität stark von der Temperatur abhängt. So sinkt die Viskosität von Glycerin bei einer Temperaturerhöhung auf von 0 °C auf 50 °C um 98%, bei Wasser führt eine Temperaturerhöhung von 20 °C auf 100 °C zu einer Viskositätsverringerung von 70%. Dies würde dazu führen, dass die Reibungsminimierung in der Zerspanzone durch die dort herrschenden Temperaturen verringert wird. Weiter können solche Flüssigkeiten durch die geringe Viskosität deutlich einfacher in Risse eindringen.

Rehbinder konnte in seiner Arbeit nachweisen, dass das Umgebungsmedium einen Einfluss auf die Rissausbreitung haben kann. So können die beiden getesteten Flüssigkeiten Rizinusöl und Polyethylenglycol, die die höchste kritische Spanungsdicke aufwiesen, zu einer Rissausheilung geführt haben, sodass die Mikrorisse erst bei höheren Energien zu Makrorissen aufgeweitet wurden.

Grundsätzlich lassen sich die Eigenschaften des Kühlschmierstoffes nicht diskret einstellen. Daher ist die Bildung eines umfassenden Modells zur Erklärung der Einzeleinflüsse nicht ohne Weiteres möglich. Trotzdem haben die Untersuchungen nachgewiesen können, dass der Kühlschmierstoff einen erheblichen Einfluss auf das Zerspanverhalten in Form der kritischen Spanungsdicke hat. Es ist lediglich erkennbar, ob die zusammengefassten chemischen und physikalischen Eigenschaften einen positiven oder negativen Einfluss auf die kritische Spanungsdicke haben.

Im nächsten Teilkapitel wird ein Gleichungssystem aufgestellt, das alle empirisch ermittelten Daten beinhaltet. Dieses wird anschließend mittels Matlab gelöst und darüber ein Berechnungsmodell zur Vorhersage der kritischen Spanungsdicke für den Betrachtungsraum aufgestellt.

Zwischenfazit zum Einfluss der Kühlschmierstoffeigenschaften auf $h_{cu,krit}$

Die durchgeführten Untersuchungen belegen unter anderem, dass durch die Wahl des Kühlschmierstoffes die kritische Spanungsdicke bei der Zerspanung von CTN01L beeinflusst werden kann. Dies wiederum führt zu der theoretischen Möglichkeit, bei der Drehbearbeitung eine duktile Zerspanung bei gleichbleibenden Vorschüben bei tieferen Schnitttiefen zu gewährleisten. Über die Gleichung 2-3 lässt sich die Schnitttiefe berechnen, die bei der Wahl von Wasser als Kühlschmierstoff gerade zu keinem sprödharten Materialabtrag führt. Mit einer kritischen Spanungsdicke von $h_{cu,krit} = 1$ µm ergibt sich eine theoretische kritische Schnitttiefe von $a_{p,max} = 15$ µm. Für die Bespielrechnung werden der für die Untersuchungen eingesetzte Schneideckenradius von $r_\varepsilon = 0{,}5$ mm und ein Vorschub von f = 4,5 µm/U angenommen. Der Vorschub f ergibt mit dem Schneideckenradius r_ε eine theoretische Rauheit von 5 nm. Im Vergleich dazu ergibt die Berechnung für die Einhaltung der kritischen Spanungsdicke nach dem theoretischen Wert nach BIFANO eine errechnete Schnitttiefe von $a_p = 0{,}44$ µm. Dies zeigt, dass durch die richtige Wahl des Kühlschmierstoffes bei deutlich größeren Schnitttiefen noch ein duktiles Zerspanverhalten stattfindet und eine duktile Zerspanung stabilisiert werden kann.

6.1.3 Berechnungsmodell der kritischen Spanungsdicke auf Basis der empirischen Daten

Calculation model on the critical chip thickness based on the empirical base

Das Modell zur Berechnung der kritischen Spanungsdicke in Abhängigkeit von den Eingangsgrößen des Versuchsraums, Schnittgeschwindigkeit, Schneideckenradius des Werkzeugs, Spanwinkel und eingesetztem Kühlschmierstoff basiert auf den Ergebnissen der Hobelversuche und fügt alle aufgestellten Einzelgleichungen aus dem Kapitel 6.1 zusammen. Dazu wurde ein Gleichungssystem aufgestellt, das alle empirisch ermittelten Daten der Eingangsgrößen und der gemessenen kritischen Spanungsdicken als Ausgangsgröße beinhaltet. Dieses Gleichungssystem wurde wie bereits beschrieben mit der Software Minitab der Firma MINITAB INC. gelöst, die Koeffizienten bestimmt und damit die folgende Gleichung erstellt:

$$h_{cu,krit} = 0{,}45 + 0{,}69 \cdot h + 0{,}06 \cdot C - 0{,}74 \cdot \lambda - 0{,}12 \cdot \Delta Q_v + 1{,}49 \cdot r_\varepsilon - 0{,}01 \cdot \gamma + 0{,}7 \cdot v_c \qquad \text{Gleichung 6-5}$$

Der Vorfaktor 0,45 hat dabei die Einheit µm. Die weiteren Eingangsgrößen gehen wie folgt in die Berechnung ein: dynamische Viskosität h in kg/sm³, Wärmekapazität C in kJ/kgK, Wärmeleitfähigkeit λ in W/mK, Verdampfungswärme ΔQ_v in kJ/mol, Schneideckenradius des Werkzeugs r_ε in mm, Spanwinkel γ in ° und Schnittgeschwindigkeit v_c in m/min. Aus den Konstanten lässt sich für den Radius, den Spanwinkel und die Schnittgeschwindigkeit ein positiver Einfluss auf die kritische Spanungsdicke ableiten; steigt also einer dieser drei Faktoren, so wird der Übergangspunkt vom duktilen zu sprödhartem Materialverhalten zu größeren Spanungsdicken verschoben. Beim Spanwinkel ist zu beachten, dass dieser selber negativ ist und durch die negative Konstante das Produkt insgesamt positiv wird. Der Einfluss des Kühlschmierstoffes konnte nicht anhand eines einzelnen Charakteristikums beschrieben werden und bedarf eines eigenen Summanden, der die dynamische Viskosität, die Wärmekapazität, die Wärmeleitfähigkeit und die Verdampfungswärme mit einzelnen Konstanten beinhaltet. Die Summe aus den vier Eigenschaften verdeutlicht dann einen positiven oder negativen Einfluss auf die kritische Spanungsdicke. Der pH-Wert fand in diesem Modell keine Verwendung, da die Untersuchungen gezeigt haben, dass dieser keinen Einfluss auf die kritische Spanungsdicke beim binderlosen Hartmetall CTN01L hat.

Dieses Berechnungsmodell wurde auf empirisch-analytischer Basis entwickelt und gibt die Möglichkeit zur Bestimmung der kritischen Spanungsdicke im Betrachtungsraum. Eine Validierung des Modells erfolgt im nächsten Teilkapitel durch den Vergleich eines theoretisch berechneten Wertes und den experimentellen Messwerten bei der Zerspanung mit einer anderen Schnittgeschwindigkeit und der Verwendung von Isoparaffin als Kühlschmierstoff. Die Ergebnisse der Untersuchungen bei der Zerspanung mit Isoparaffin wurden bei der Modellbildung nicht genutzt.

Die maximale Abweichung zwischen den empirischen und den berechneten Werten betrug 8%. Diese geringe Abweichung verdeutlicht, dass die berechneten Daten nahe an den empirisch ermittelten Daten liegen und somit die Berechnungsgleichung eine gute Abbildung der Versuchsergebnisse im Versuchsraum darstellt.

Für eine allgemeingültige Berechnungsgleichung bedarf es jedoch weitreichenderer Untersuchungen mit ausgeweitetem Versuchsraum. So könnten beispielsweise weitere sprödharte Materialien untersucht werden, um so auch einen Einfluss der Materialeigenschaften wie Härte und Bruchzähigkeit in der Gleichung zu berücksichtigen.

6.1.4 Verifizierung und Bewertung des Berechnungsmodells

Verification and evaluation of the calculation model

In diesem Abschnitt erfolgen die Validierung und die Bewertung des Berechnungsmodells durch den Abgleich der durch die Gleichung berechneten theoretischen kritischen Spanungsdicke und den durch einen erneuten Hobelversuch bestimmten Wert für den Übergangspunkt. Da das Berechnungsmodell auf den empirischen Daten von Hobelversuchen an CTN01L beruht, wurde der Werkstoff konstant gehalten. Daneben blieben auch die Eigenschaften der Werkzeuge mit einem Spanwinkel von -20° und einem Radius von 0,5 mm unverändert. Alle sonstigen Eingangsgrößen, wie die Eigenschaften des Kühlschmierstoffs und die Schnittgeschwindigkeit, wurden gegenüber den anderen Hobelversuchen verändert. Die Tabelle 6-1 gibt nochmals die Eigenschaften des eingesetzten Kühlschmierstoffes Isoparaffin wieder.

Flüssigkeit	pH-Wert	Dyn. Viskosität [kg/sm³]	Wärmeleitfähigkeit [W/mK]	Wärmekapazität [W/mK]	Verdampfungswärme [W/mK]
Isoparaffin	6,5	9,168*10⁴	0,13	2	48

Tabelle 6-1: Eigenschaften des Kühlschmierstoffes zur Validierung des Berechnungsmodells
Properties of the cutting fluid for the validation of the calculation model

Mit einer Schnittgeschwindigkeit von 600 mm/min ergibt sich nach der Gleichung 6-5 eine kritische Spanungsdicke von 1,31 µm. Der gemessene Übergangspunkt lag bei 1,38 µm, womit die Abweichung zwischen dem berechneten und dem experimentell bestimmten Wert 5% beträgt. Da dies in der Größenordnung der bereits beschriebenen Abweichung der formelmäßig berechneten Werte liegt, kann eine gute Übereinstimmung zwischen den modellierten und den experimentell ermittelten kritischen Spanungsdicken konstatiert werden.

Fazit zu den Einflüssen der Versuchseingangsgrößen auf $h_{cu,krit}$

Die Ergebnisse aus den Untersuchungen zeigen die vielfältigen Einflüsse auf die kritische Spanungsdicke bei der Bearbeitung des Nanokorn Hartmetalls CTN01L. Durch die auf den empirischen Daten beruhende Gleichung ist es möglich, den Übergangspunkt von sprödem zu duktilem Materialverhalten für den Werkstoff CTN01L in Abhängigkeit von den Eingangsgrößen zu berechnen. Der pH-Wert des eingesetzten Kühlschmierstoffes zeigte bei der Bearbeitung keinen Einfluss, was auf die chemische Beständigkeit von Wolframcarbid zurückzuführen ist. Im Anschluss erfolgt die Untersuchung des Einflusses der Ultraschallunterstützung auf den Zerspanmechanismus.

6.2 Einfluss der Ultraschallunterstützung auf den Zerspanmechanismus

Influence of the ultra sonic assistance on the cutting mechanism

Die Untersuchungen dienen dem Nachweis des Einflusses der Ultraschallunterstützung auf den Übergang von sprödem zu duktilem Zerspanverhalten. Die Ultraschallunterstützung besitzt keinen direkten theoretischen Einfluss auf die Spanungsdicke, die vor allem durch die Werkzeugeigenschaften und den Vorschub bestimmt wird. Allerdings wirkt sich die Ultraschallunterstützung auf die Schergeschwindigkeit und die Eingriffsbedingungen in der Zerspanzone aus. Darüber hinaus wird durch den unterbrochenen Schnitt gegenüber der konventionellen Zerspanung zusätzliche Energie in die Zerspanzone eingebracht. Dieser unterbrochene Schnitt könnte auch dazu führen, dass der Kühlschmierstoff bis in die Zerspanzone vordringen kann und diese verändert.

Auch zeigt der Stand der Technik, dass durch den Einsatz des Ultraschalls eine erhöhte Druckspannung in die Zerspanzone eingebracht wird. Zunächst wurde die Ergebnisstreuung dieser Prozessmodifikation betrachtet, um anschließend die Ergebnisse der Hobelversuche mit denen der konventionellen Bearbeitung zu vergleichen. Abschließend wurde die Zerspanzone theoretisch betrachtet, um auf die Möglichkeit eines Kühlschmierstoffeindringens in genau diese zu schließen.

Untersuchungen zur Prozessstabilität

Die Versuche ohne Ultraschallunterstützung mit Pufferlösungen als Kühlschmiermittel zeigten, dass der Einfluss des pH-Wertes auf die kritische Spanungsdicke von CTN01L vernachlässigbar klein ist. Die Abbildung 6-16 zeigt die Ergebnisse der Versuche mit Pufferlösungen mit den pH-Werten pH 1, pH 7 und pH 10 bei der Bearbeitung mit Ultraschallunterstützung im Vergleich zu den gemessenen kritischen Spanungsdicken bei der Bearbeitung ohne Ultraschallunterstützung.

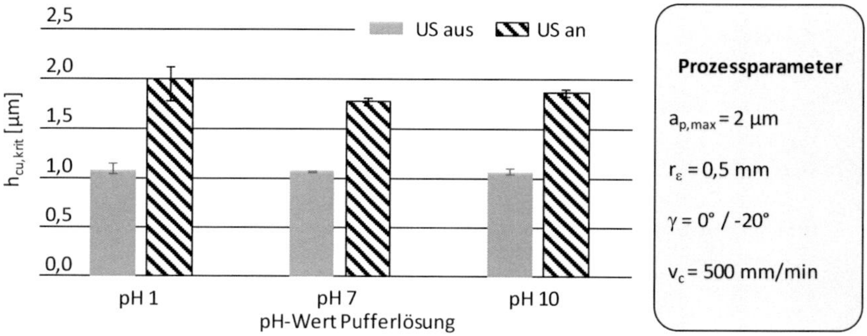

Abbildung 6-16: Einfluss der Ultraschallunterstützung auf die kritische Spanungsdicke

Influences of the ultra sonic assistance on the critical depth of cut

Deutlich zeigt sich eine Erhöhung der kritischen Spanungsdicke durch die Ultraschallunterstützung. Dies ist auf die höheren Druckspannungen in der Zerspanzone zurückzuführen und entspricht der Theorie nach MOHR. Die mit Ultraschallunterstützung erzeugten Übergangspunkte vom duktilen zu sprödem Materialverhalten lagen zwischen 1,78 µm und 2,0 µm. Daraus lässt sich ein Anstieg zwischen 66% und 84% gegenüber den erzielten Werten ohne Ultraschallunterstützung berechnen. Die kritische Spanungsdicke lag bei den konventionellen Versuchen bei $h_{cu,krit}$ = 1,08 µm.

Die Streuung der mit Ultraschallunterstützung erzeugten kritischen Spanungsdicken ist höher als bei der Bearbeitung ohne Ultraschallunterstützung. BULLA zeigte in seiner Arbeit unter anderem den Einfluss der Schwingungsfrequenz auf die kritische Spanungsdicke. Durch den Einsatz von unterschiedlichen Werkzeugen variiert die Schwingungsfrequenz leicht und damit auch die gemessenen Werte der kritischen Spanungsdicke. Allerdings ist diese Abweichung in den Frequenzen nicht groß genug, um damit die gesamte Streuung erklären zu können. Es müssen auch Abweichungen in den Amplituden und damit verbunden in den Eintrittsgeschwindigkeiten eine Rolle spielen. Dies verdeutlicht, dass die Einstellung des Prozesses der ultraschallunterstützten Zerspanung gegenüber der konventionellen Bearbeitung mehr Aufwand erfordert und im Allgemeinen aufgrund der zusätzlichen Prozesseinflüsse schwieriger zu kontrollieren ist.

Darüber hinaus hat der Kühlschmierstoff durch den unterbrochenen Schnitt die theoretische Möglichkeit, in die Zerspanzone einzudringen. Die drei eingesetzten Kühlschmierstoffe unterscheiden sich vor allem durch die Oberflächenspannungen und die Benetzungseigenschaften. So wies die Zerspanung mit einer Pufferlösung mit einem pH-Wert von 7 die geringste kritische Spanungsdicke auf. Dies könnte auf die höhere Oberflächenspannung und damit ein geringeres Eindringungsvermögen der Flüssigkeit in Risse zurückzuführen sein. Der geringe Kontaktwinkel der Pufferlösung mit einem pH-Wert von 7 auf CTN01L gegenüber den anderen beiden Pufferlösungen scheint keinen erheblichen Einfluss zu haben. Die Pufferlösung mit einem pH-Wert von 7 zeigte bei den Untersuchungen den geringsten Kontaktwinkel und gleichzeitig auch die geringste Erhöhung der kritischen Spanungsdicke nach der Bearbeitung. Die größte prozentuale Steigerung der kritischen Spanungsdicke im Vergleich zur konventionellen Zerspanung erfolgte durch den Einsatz der Pufferlösung mit einem pH-Wert von 4. Diese Flüssigkeit wies die geringste Oberflächenspannung der drei Testflüssigkeiten auf.

Als Fazit aus den Untersuchungen ist festzuhalten, dass die Ultraschallunterstützung eine deutliche Vergrößerung der kritischen Spanungsdicke, aber auch eine höhere Prozessstreuung mit sich bringt.

Untersuchungen der Einflüsse der Kühlschmierstoffeigenschaften bei der USDT auf $h_{cu,krit}$

Neben den Pufferlösungen mit unterschiedlichen pH-Werten wurden auch alle bei der konventionellen Bearbeitung getesteten Kühlschmierstoffe und ihr Einfluss auf die kritische Spanungsdicke untersucht. Dabei lag das Hauptaugenmerk der Analyse auf der prozentualen Vergrößerung der kritischen Spanungsdicke im Vergleich zu den gemessenen Werten nach der konventionellen Bearbeitung.

Die Abbildung 6-17 zeigt die gemessenen kritischen Spanungsdicken der Hobelversuche mit Ultraschallunterstützung im Vergleich zu den konventionellen Ergebnissen. Deutlich ist dabei die Erhöhung der Werte durch die Ultraschallunterstützung zu erkennen.

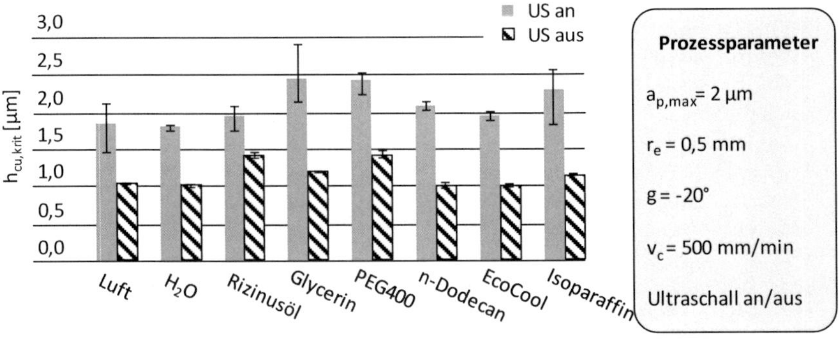

Abbildung 6-17: Ergebnisse der Hobelversuche mit Ultraschallunterstützung

Results of the ruling investigations with ultra sonic assistance

Alle Werte lagen oberhalb einer kritischen Spanungsdicke von 1,82 µm und damit deutlich oberhalb der gemessenen Werte bei der konventionellen Bearbeitung, wo der höchste Wert bei der Zerspanung mit Polyethylenglycol 400 mit 1,52 µm erreicht wurde. Der Wert von 1,82 µm wurde bei den ultraschallunterstützten Versuchen mit Luft erzielt. Gegenüber den konventionellen Versuchen (1,10 µm) ergibt sich hier eine prozentuale Erhöhung von 65%. Diese Erhöhung zeigt lediglich den

Einfluss der Ultraschallunterstützung und ist auf die höheren eingebrachten Druckspannungen in der Zerspanzone zurückzuführen. Allerdings wiesen die Messwerte größere Schwankungen auf. Dies deutet auch einen instabileren Prozess hin.

Der Vergleich mit den Messergebnissen der kritischen Spanungsdicke, die bei der Zerspanung mit Wasser erreicht wurden, zeigt wieder, dass der Kühlschmierstoff hier keinen erkennbaren Einfluss zeigt. Dies unterstreicht die These, wonach die Wärmeabfuhr des Kühlschmierstoffes keinen signifikanten Einfluss auf die kritische Spanungsdicke bei der Zerspanung von CTN10L mit monokristallinen Diamantwerkzeugen hat.

Insgesamt zeigt sich, dass die prozentuale Erhöhung der gemessenen kritischen Spanungsdicken bei der ultraschallunterstützten Zerspanung mit Diamantwerkzeugen im Vergleich zur konventionellen Zerspanung vom eingesetzten Kühlschmierstoff abhängig ist. Die größte Erhöhung ergab sich bei der Bearbeitung mit n-Dodecan von 90% (von 1,07 µm auf 2,04 µm); die geringste bei der Bearbeitung mit Rizinusöl von 1,50 µm auf 1,91 µm (also 27%).

Dies kann unter anderem darauf zurückgeführt werden, dass durch die Ultraschallunterstützung ein Eindringen des Kühlschmierstoffes in die Zerspanzone möglich ist. Um ein Eindringen des Kühlschmierstoffes in eine Bruchstelle zu begünstigen, bedarf es im Allgemeinen guter Benetzungseigenschaften und einer möglichst geringen Oberflächenspannung des Fluides.

Darüber hinaus ist eine geringe Viskosität für ein Eindringen des Kühlschmierstoffes in einen Riss von Vorteil. So verringert sich zum Beispiel die Viskosität von Glycerin stark, wenn die Temperatur in der Zerspanzone ansteigt. Da die Temperatur in der Zerspanzone nicht messbar ist, ist es schwer, aus der Begutachtung der Viskositäten der unterschiedlichen Testflüssigkeiten ein einheitliches Bild abzuleiten. Die geringe Erhöhung durch den Einsatz von Rizinusöl könnte auf die hohe dynamische Viskosität des Öls zurückzuführen sein. Die Viskosität liegt mindestens um den Faktor 8 höher als die der anderen Flüssigkeiten. Diese könnte zum einen verhindern, dass der Kühlschmierstoff in die Risse, die durch die Bearbeitung entstehen, eindringen kann. Darüber hinaus zeigten die Versuche der konventionellen Bearbeitung, dass eine verbesserte Schmierung zwischen Werkzeug und Werkstoff den Zerspanprozess eher negativ beeinflusst. Die Erhöhung der kritischen Spanungsdicke durch den Einsatz von Glycerin, das die zweithöchste dynamische Viskosität bei Raumtemperatur aufweist, ist mit 88% die zweithöchste der betrachteten Flüssigkeiten. Es ist bekannt, dass eine Temperaturerhöhung einen erheblichen Einfluss auf die Viskosität von Glycerin hat. Mit der deutlich geringeren Viskosität ist dann ein Eindringen der Flüssigkeit in Risse durchaus möglich.

Die beiden Flüssigkeiten wiesen bei den Untersuchungen vergleichbare Oberflächenspannungen auf. Allerdings besitzt Glycerin polare und Rizinusöl unpolare Eigenschaften. Dies führt dazu, dass Glycerin mit der Oberfläche des ebenfalls polaren Feststoffes reagiert und dies bei Rizinusöl nicht der Fall ist. Dies wiederum führt nach MALKIN dazu, dass die Grenzflächenenergie zwischen Festkörper und dem Fluid verringert wird und dann eine Zerspanung erleichtert wird [MALK11]. Dies würde bedeuten, dass Glycerin ein grenzflächenaktives Verhalten gegenüber CTN01L aufweisen würde. Eine weitere geteste Flüssigkeit mit einer hohen Viskosität und polaren Eigenschaften ist Polyethylenglycol. Hier ist die Erhöhung zwischen den gemessenen Werten allerdings vergleichsweise gering, was auf die deutlich höhere Oberflächenspannung der Flüssigkeit im Vergleich zu Glycerin zurückgeführt werden könnte. Diese höhere Oberflächenspannung würde dazu führen, dass die Flüssigkeit nicht so gut in die Risse eindringen kann. Darüber hinaus nimmt die Viskosität der Flüssigkeit mit steigender Temperatur nicht so stark ab, wie es bei Glycerin der Fall ist. Dies würde die Arbeiten von SHCHUKIN unterstützen, wonach der Kühlschmierstoff die Möglichkeit besitzen muss, in eine Bruchstelle oder einen Riss einzudringen und dort ein grenzflächenaktives Verhalten zu zeigen [SHCH06].

Die anderen getesteten polaren Flüssigkeiten, die Pufferlösungen, wiesen in den Untersuchungen die höchste Oberflächenspannung der polaren Testflüssigkeiten auf. Allerdings ist die Viskosität der Pufferlösungen vergleichsweise gering, sodass sich hier zeigt, dass ein Zusammenspiel der beiden Eigenschaften durchaus einen Einfluss auf die kritische Spanungsdicke haben kann.

Die Messwerte der kritischen Spanungsdicken, die bei der Zerspanung mit einer unpolaren Flüssigkeit erzeugt wurden, zeigen ähnliche Verhaltensmuster, wonach ein Zusammenspiel aus Viskosität und Oberflächenspannung der Flüssigkeit einen entscheidenden Einfluss auf die kritische Spanungsdicke hat.

Aufgrund der teilweise hohen Streuung der Messwerte war es bei der ultraschallunterstützten Zerspanung mit Diamantwerkzeugen nicht möglich, die empirisch ermittelten Daten auch in ein Berechnungsmodell zu überführen.

Theoretische Betrachtung der Zerspanzone

Dieses Teilkapitel verfolgt die Frage, ob der Kühlschmierstoff bei der ultraschallunterstützten Zerspanung mit Diamantwerkzeugen theoretisch in die Zerspanzone eindringen kann. Dazu wurden einige Annahmen getroffen, um die Berechnung zu vereinfachen. Die Einflüsse werden deutlich vielfältiger sein, als hier für die Berechnung angenommen wird. So wird zum Beispiel die Rauheit des Diamanten und des abgetragenen Spans eine Rolle spielen. Somit kann diese Berechnung nur einen Anhaltspunkt und keine abschließende Klärung liefern.

Der Zerspanzone wird während des Prozesses kontinuierlich Kühlschmierstoff in Form einer Minimalmengenschmierung zugeführt. Um bis an das Grundmaterial in die Zerspanzone gelangen zu können, muss der Kühlschmierstoffstrom die Strecke der Schnitttiefe zurücklegen. Bei den durchgeführten Untersuchungen in Kapitel 7 lag die Schnitttiefe bei $a_p = s = 1\ \mu m$. Um diese Strecke zurückzulegen, steht dem Kühlschmierstoff die Zeit einer Ultraschallschwingung zur Verfügung, da sich danach der Spalt zwischen Span und Werkzeug wieder schließt. Bei einer Frequenz von 80 kHz entspricht das einer Zeit von $t = 1/f = 1{,}25 \cdot 10^{-5}$ sec. Damit lässt sich eine minimale Geschwindigkeit für den Kühlschmierstoff berechnen, der bei $v_{min} = s/t = 1\mu m/1{,}25 \cdot 10^{-5}\ sec = 0{,}08\ m/sec$ liegt. Eine Messung des austretenden Kühlschmierstoffstromes aus der Kühlschmierstoffdüse ergab eine Geschwindigkeit v_{KSS} von 4 m/sec. Damit ist die Geschwindigkeit des Kühlschmierstoffstromes um einen Faktor 50 größer als die notwendige Geschwindigkeit v_{min}. Gleichbedeutend damit ist, dass der Kühlschmierstoffstrom für die Strecke der Schnitttiefe eine 50-fach kürzere Zeit braucht, als sie durch den unterbrochenen Schnitt zur Verfügung steht. Damit lässt sich festhalten, dass der Kühlschmierstoffstrom zumindest genug Zeit hat, um in die Zerspanzone einzudringen.

Allerdings können auch die teilweise hohen Oberflächenspannungen der Testflüssigkeit bedingen, dass die Fluide die Zerspanzone nicht erreichen. Die Abbildung 6-18 zeigt die Annahme der herrschenden Kräfte, wobei bei der Betrachtung die Reibungskräfte vernachlässigt werden und davon ausgegangen wird, dass das Werkzeug ruht.

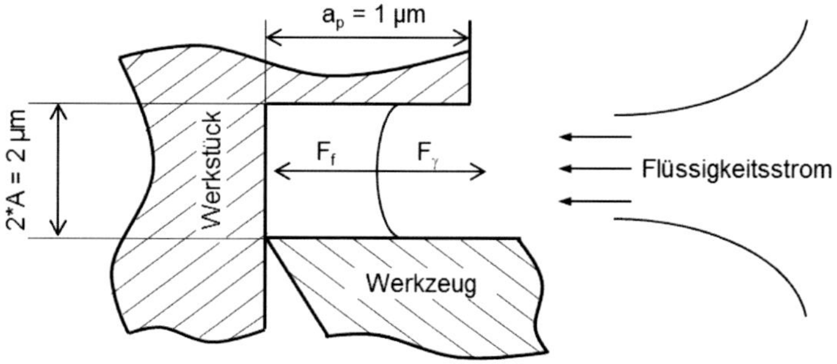

Abbildung 6-18: Theoretische Betrachtung der Zerspanzone

Theoretical consideration of the cutting zone

Die Kraft F_γ, die durch die Oberflächenspannung hervorgerufen wird, bedingt einen Widerstand gegen das Eindringen der Flüssigkeit; sie ist also von der Zerspanzone weg gerichtet. Demgegenüber steht die Kraft F_f, die bedingt durch die Geschwindigkeit des Flüssigkeitsstroms das Fluid in die Zerspanzone „drückt“.

Die Gleichung zur Bestimmung der Oberflächenspannung lässt sich wie folgt zur Berechnung der Kraft F_γ umstellen:

$$\gamma = \frac{1}{2} \cdot \frac{F_\gamma}{L} \rightarrow F_\gamma = 2 \cdot \gamma \cdot L$$ Gleichung 6-6

Mit einer bekannten Oberflächenspannung γ, als Beispiel sei hier der Wert von Wasser mit $\gamma = 72{,}75$ mN/m genutzt, und der Länge L von $L = 2 \cdot A = 2 \cdot 1$ µm = 2 µm ergibt sich eine Kraft F_γ von $F_\gamma = 291 \cdot 10^{-9}$ N. Als Referenz wird hier Wasser verwendet, da Wasser unter allen untersuchten Testflüssigkeiten die höchste Oberflächenspannung aufweist. Bei den anderen Flüssigkeiten wäre die Kraft also kleiner und somit ein Eindringen in die Zerspanzone eher möglich.

Demgegenüber steht die Kraft F_f, die durch den Volumenstrom des Kühlschmierstoffes ausgeübt wird und sich über die folgende Gleichung zu $F_f = 31936 * 10^{-9}$ N berechnen lässt.

$$F_f = v_f \cdot \dot{m} = v_f \cdot \rho \cdot v_f \cdot A$$ Gleichung 6-7

Da die Kraft F_f größer ist als die Kraft F_γ, ergibt auch die Betrachtung der Kräfte die Möglichkeit, dass der Kühlschmierstoff die Zerspanzone erreicht.

Zwischenfazit zu den Untersuchungen zu dem Einfluss der Ultraschallunterstützung auf $h_{cu,krit}$

Durch den Einsatz der Ultraschallunterstützung kann die kritische Spanungsdicke gegenüber der konventionellen Bearbeitung nochmals deutlich erhöht werden. Die prozentuale Erhöhung hängt dabei unter anderem vom eingesetzten Kühlschmierstoff ab. Allerdings führt die eingebrachte Schwingung auch zu größeren Prozessstreuungen.

Durch die abschließende Betrachtung der Zerspanzone bei der ultraschallunterstützten Zerspanung mit Diamantwerkzeugen konnte in der Theorie nachgewiesen werden, dass der Kühlschmierstoff in die Zerspanzone eindringen kann.

6.3 Untersuchungen zu den Einflüsse der Prozessstellgrößen auf die Rauheit in den erzeugten Nuten

Investigations of the influences of the process variables on the roughness in the machined grooves

Aus Untersuchungen bei der Ultrapräzisionszerspanung ist bekannt, dass die erzielbare Rauheit von der Schnitttiefe abhängt. Die Rauheit nimmt bis zu einem materialspezifischen Kennwert mit sinkender Schnitttiefe ab. Bei der Endbearbeitung sind daher zumeist geringe Schnitttiefen zu wählen. Daher erfolgt in diesem Teilkapitel die Beschreibung der Untersuchung zum Einfluss der Kühlschmierstoffeigenschaften, der Prozessstellgrößen und der Ultraschallunterstützung auf die in den Nuten erzeugten Rauheiten in Verbindung mit der Schnitttiefe. Ziel der Untersuchungen war ein Verständnis aufzubauen, wie die Rauheit trotz eines durchgehend einheitlichen duktilen Prozesses durch die richtige Wahl der Umgebungsbedingungen angepasst werden kann.

Dazu wurde entlang der für die Untersuchungen zum Einfluss auf die kritische Spanungsdicke erzeugten Hobelspuren jeweils in deren Mitte auf einer Fläche von 30 µm x 30 µm die Rauheit mittels Weißlichtinterferometrie gemessen und anschließend unter der Anwendung eines gleichbleibenden Filters ausgewertet. Durch die Bildung einer Ausgleichsgerade wurde anschließend sichergestellt, dass die Tendenz der Messwerte wiedergegeben wird. Ausreißer in den Werten, die zum Beispiel durch einzelne Ausbrüche oder Risse entstehen können, haben dann keinen ausschlaggebenden Einfluss mehr. Die Abbildung 6-19 zeigt die Ausgleichgeraden einer beispielhaften Messung der Rauheit bei der Zerspanung von CTN01L mit Luft und die zu dem jeweiligen Messpunkt gehörenden 3D-Weißlichtbilder bei unterschiedlichen Messtiefen.

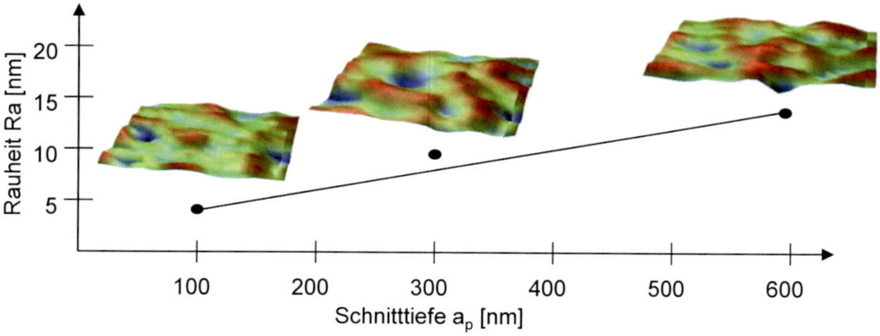

Abbildung 6-19: Beispielhafte Messungen der Rauheit in Abhängigkeit von der Schnitttiefe

Exemplary measurements of the roughness as a function of the cutting depth

Als Ergebnis wurde ein Zusammenhang zwischen den Eingangsgrößen Schneideckenradius, Spanwinkel, Schnittgeschwindigkeit, Kühlschmierstoffeigenschaften, Ultraschallunterstützung und Schnitttiefe sowie der Ausgangsgröße Rauheit aufgestellt und abschließend in einem Berechnungsmodell beschrieben. Im Folgenden werden wie im vorangegangenen Kapitel die einzelnen Ergebnisse der Eingangsgrößenuntersuchungen näher beschrieben und anschließend zusammengeführt. Der übersichthalber wird bei der Abbildung auf die Einzeichnung aller Messpunkte verzichtet. Die einzelnen Messungen befinden sich im Anhang (Tabelle 10-3 bis Tabelle 10-8).

6.3.1 Einflüsse der Prozessstellgrößen auf die Rauheit in den erzeugten Nuten

Influences of the processs variables on the roughness in the machined grooves

Analog zu den Versuchen zum Einfluss der Prozessstellgrößen auf die kritische Spanungsdicke werden in diesem Kapitel die einzelnen Eingangsgrößen untersucht und die jeweilige gemessene Rauheit in Abhängigkeit von der Schnitttiefe gezeigt. Zuerst erfolgen die Untersuchungen zum Einfluss der Werkzeugeigenschaften, der Ultraschallunterstützung und im Anschluss der Kühlschmierstoffeigenschaften.

Einfluss des Schneideckenradius des Werkzeugs r_ε auf die Rauheit in den erzeugten Nuten

Für die Untersuchungen zum Einfluss des Schneideckenradius auf die Rauheit in den erzeugten Nuten wurde dieser in vier diskreten Schritten von 0,1 mm bis 0,5 mm variiert. Alle Werkzeuge wiesen einen Spanwinkel von -20° auf. Als Kühlschmierstoff wurde die Pufferlösung mit einem pH-Wert von 7 genutzt. Die Abbildung 6-20 zeigt die Ausgleichsgeraden der Rauheitsmessungen in Abhängigkeit vom Schneideckenradius.

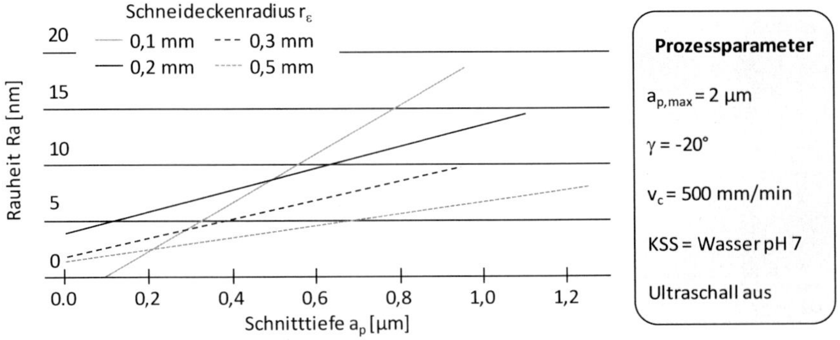

Abbildung 6-20: Ausgleichsgeraden der Rauheitsmessungen in Abhängigkeit vom Schneideckenradius des Werkzeugs

Line of best fit of the roughness measurement depending on the tool radius

Deutlich ist bei jeder Geraden der Anstieg der Rauheit mit zunehmender Schnitttiefe erkennbar. Durch die größere Eindringtiefe der Werkzeuge wurde das zerspante Volumen erhöht und dadurch mehr Energie in die Oberfläche eingebracht. Dadurch entstanden auch im duktilen Bereich Risse und Ausbrüche. Allerdings sind diese noch zu gering, um für ein sprödes Versagen des Materials zu sorgen. Bei den Hobelversuchen mit einem Werkzeugradius von 0,1 mm wiesen die Oberflächen bei einer Schnitttiefe von 0,8 µm Rauheitswerte von 15 nm auf. Diese Schnitttiefen lagen aber auch schon deutlich im spröden Bereich. Die kritische Spanungsdicke lag bei den Untersuchungen bei der Zerspanung mit den Werkzeugradien von 0,1 mm bei 0,5 µm.

Von Bedeutung bei der Betrachtung sind der Y-Achsenabschnitt der Ausgleichsgeraden und die unterschiedlichen Steigungen, stellen sie doch einen Zusammenhang zwischen der erzeugten Rauheit und der Schnitttiefe dar. Aus der Abbildung 6-20 ist ersichtlich, dass der Radius durchaus eine Abhängigkeit zeigt. Bei einem Radius von 0,1 mm ist die Steigung am größten; die anderen Geraden verlaufen fast parallel. Generell zeigte sich, dass die Werte bei einer Zerspanung mit geringen Radien größeren Schwankungen unterliegen.

Der Rangkorrelationskoeffizient, kurz Rho-Wert, gibt Auskunft darüber, wie gut eine beliebige monotone Funktion den Zusammenhang zwischen zwei Variablen beschreiben kann, ohne irgendwelche Annahmen über die Wahrscheinlichkeitsverteilung der Variablen zu machen. So beschreibt die Gerade für den Radius von 0,5 mm mit einem Rho-Wert von 0,997 den Zusammenhang zwischen der Rauheit und der Schnitttiefe fast perfekt (Rho-Wert von 1 entspricht einer 100% Überdeckung der Messwerte mit den berechneten Werten); bei der Auswertung nach der Bearbeitung mit einem Radius von 0,2 mm ist die Abweichung zwischen den gemessenen und den berechneten Werten mit 0,479 deutlich größer.

Die folgende Tabelle 6-2 gibt einen Überblick über die Rho-Werte aller Ausgleichsgeraden dieser Versuchsreihe

Eingangsgröße	Rho-Wert	Eingangsgröße	Rho-Wert
r_ε = 0,1 mm	0,857	r_ε = 0,3 mm	0,946
r_ε = 0,2 mm	0,886	r_ε = 0,5 mm	0,685

Tabelle 6-2: Rho-Werte der Ausgleichsgeraden zu den Versuchen mit unterschiedlichen Schneideckenradien

Rho-values of the best fit lines of the investigations with different tool radii

Einfluss des Spanwinkels γ auf die Rauheit in den erzeugten Nuten

Der Spanwinkel wurde für die Untersuchungen in drei Stufen, -10°, -20° und -30° variiert. Alle Werkzeuge wiesen einen Radius von 0,2 mm auf. Als Kühlschmierstoff wurde wieder die Pufferlösung mit einem pH-Wert von 7 genutzt. Die Abbildung 6-21 zeigt die Ausgleichsgeraden in Abhängigkeit von den Spanwinkeln der eingesetzten Werkzeuge.

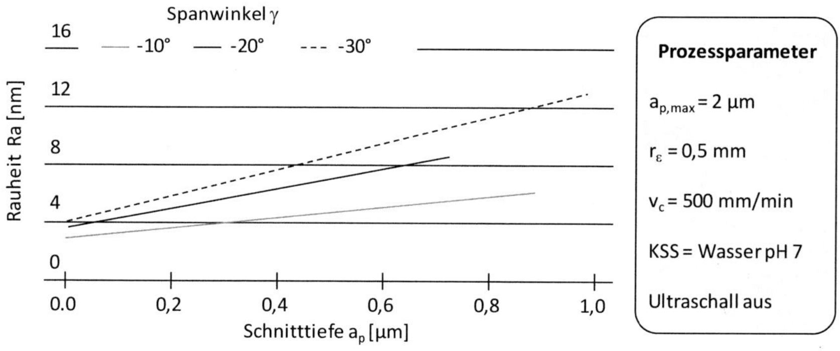

Abbildung 6-21: Ausgleichsgeraden der Rauheitsmessung in Abhängigkeit von den Spanwinkeln der Werkzeuge

Line of best fit of the roughness measurement depending on the rake angle of the tool

Wie bereits bei den Untersuchungen zum Einfluss der Werkzeugradien stiegen auch bei den unterschiedlichen Spanwinkeln die Rauheitswerte mit zunehmender Schnitttiefe an. Alle Geraden besitzen in etwa denselben Y-Achsenabschnitt und haben eine vom Winkel abhängige Steigung, die mit zunehmendem Winkel steigt. Durch einen größeren Spanwinkel wurden höhere Druckspannungen in die Zerspanzone eingebracht. Dies führte wiederum dazu, dass auch höhere Energien in die Zerspanzone und in die Oberfläche eingebracht wurden, die Risse und Ausbrüche und damit höhere Rauheitswerte zur Folge haben.

Die Rho-Werte dieser Ausgleichsgeraden sind wie folgt:

Eingangsgröße	Rho-Wert	Eingangsgröße	Rho-Wert
γ = -10°	0,910	γ = -30°	0,743
γ = -20°	0,927		

Tabelle 6-3: Rho-Werte der Ausgleichsgeraden zu den Kühlschmierstoffversuchen
Rho-values of the best fit lines for the coolant investigations

Einfluss der Schnittgeschwindigkeit v_c auf die Rauheit in den erzeugten Nuten

Die Schnittgeschwindigkeit wurde in drei Stufen von 300 mm/min auf 700 mm/min variiert. Dabei kamen Werkzeuge mit einem Spanwinkel von -20° und einem Schneideckenradius des Werkzeugs von 0,5 mm zum Einsatz. Als Kühlschmierstoff wurde Wasser mit einem pH-Wert von 7 genutzt. Die Abbildung 6-22 zeigt die Ausgleichgeraden zur Abhängigkeit der Rauheit von der Schnitttiefe und der Eingangsgröße.

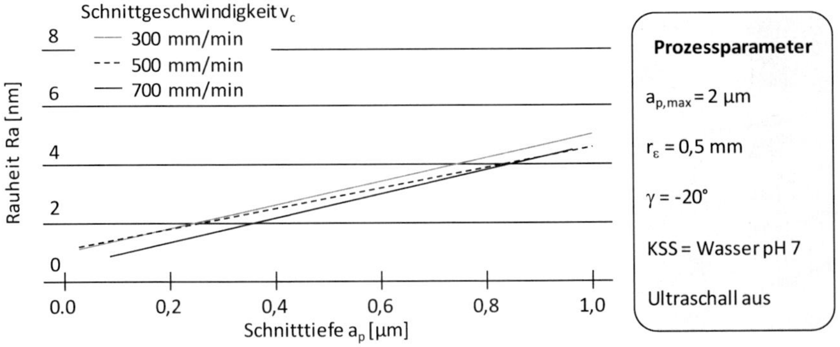

Abbildung 6-22: Ausgleichgeraden der Rauheitsmessung in Abhängigkeit von der Schnittgeschwindigkeit
Line of best fit of the roughness measurement depending on the cutting speed

Deutlich zeigt sich, dass die Schnittgeschwindigkeit keinen Einfluss auf die erzeugbare Rauheit hat, da alle Geraden fast deckungsgleich sind. Dieses Ergebnis kann unter anderem auch bei der Zerspanung anderer Materialien beobachtet werden und lässt sich auf die hohe Schärfe der Werkzeuge und die damit verbundenen Schnittbedingungen zurückführen.

Die nächste Tabelle gibt die Rho-Werte der Ausgleichsgeraden wieder:

Eingangsgröße	Rho-Wert	Eingangsgröße	Rho-Wert
v_c = 300 mm/min	0,905	v_c = 700 mm/min	0,936
v_c= 500 mm/min	0,921		

Tabelle 6-4: Rho-Werte der Ausgleichsgeraden zu den Versuchen mit unterschiedlichen Schnittgeschwindigkeiten

Rho-values of the best fit lines of the investigations with different cutting velocities

6.3.2 Einfluss der Ultraschallunterstützung auf die Rauheit in den erzeugten Nuten

Influence of the ultra sonic assistance on the roughness of the machined grooves

Die Abbildung 6-23 vergleicht die erzeugten Rauheiten bei der Bearbeitung mit einem Schneideckenradius des Werkzeugs von 0,5 mm und der Pufferlösung mit einem pH-Wert von 7 als Kühlschmierstoffe mit und ohne Ultraschall. Bei der konventionellen Zerspanung kam ein Werkzeug mit einem Spanwinkel von -20° und bei der ultraschallunterstützten Diamantbearbeitung ein Werkzeug mit einem Spanwinkel von 0° zum Einsatz. Vorversuche hatten gezeigt, dass die Belastung der Diamantwerkzeuge mit einem negativen Spanwinkel bei gleichzeitigem Einsatz der Ultraschallunterstützung zu groß war und dies zu einem direkten Verschleiß der Werkzeuge führte.

Deutlich ist der Unterschied zwischen den beiden Prozessgeraden zu sehen. Sie unterscheiden sich sowohl im Y-Achsenabschnitt als auch in der Steigung. Während die Rauheit bei der konventionellen Zerspanung von 4 nm auf knapp 7 nm anstieg, blieb sie bei der ultraschallunterstützen Zerspanung fast konstant. Allerdings sind die beiden Prozesse durch die unterschiedlichen Spanwinkel und die eingebrachte Druckspannung nur bedingt miteinander vergleichbar.

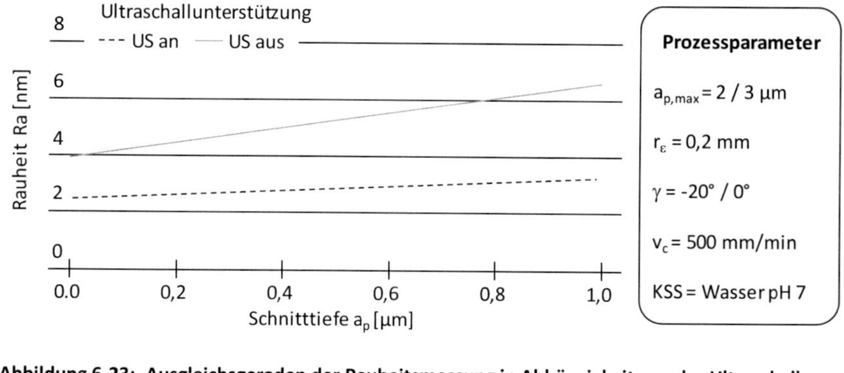

Abbildung 6-23: Ausgleichsgeraden der Rauheitsmessung in Abhängigkeit von der Ultraschallunterstützung

Line of best fit of the roughness measurement depending on the ultra sonic assistance

Der Rho-Wert der Ausgleichsgerade, die die Rauheitswerte unter Einsatz der Ultraschallunterstützung beschreibt, liegt bei 0,850.

Nach der Vorstellung des Einflusses der Eingangsgrößen, Werkzeugeigenschaften und Ultraschallunterstützung werden im nächsten Teilkapitel die Ergebnisse zu den Untersuchungen zum Einfluss der Kühlschmierstoffeigenschaften auf die erzielbare Rauheit vorgestellt.

6.3.3 Einfluss des eingesetzten Kühlschmierstoffs auf die Rauheit in den erzeugten Nuten

Influence of the cutting fluid used on the roughness in the machined grooves

Anders als bei den Prozessstellgrößen ließen sich die Kühlschmierstoffeigenschaften außer beim pH-Wert nicht diskret einstellen. Das Teilkapitel ist daher so aufgebaut, dass zuerst die Ergebnisse zum Einfluss des pH-Wertes vorgestellt werden und anschließend die der anderen Kühlschmierstoffe. Bei der Erstellung des Berechnungsmodells wurden die einzelnen Eigenschaften berücksichtigt.

Einfluss des pH-Wertes der Kühlschmierstoffe auf die Rauheit in den erzeugten Nuten

Die Versuche zum Einfluss des pH-Wertes auf die Rauheit in den erzeugten Nuten erfolgten mit Werkzeugen mit einem Radius von 0,5 mm und einem Spanwinkel von -20°. Der eingesetzte Kühlschmierstoff war jeweils eine Pufferlösung mit unterschiedlichen pH-Werten. Die folgende Abbildung 6-24 zeigt die Ausgleichsgeraden der Messwerte der Rauheit in Abhängigkeit von der Schnitttiefe.

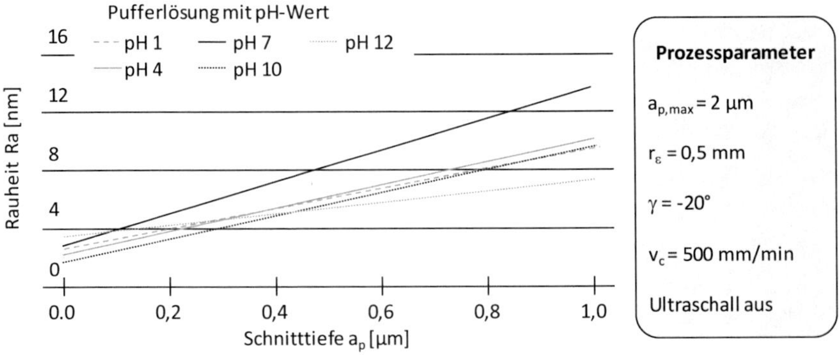

Abbildung 6-24: Ausgleichsgeraden der Rauheitsmessungen in Abhängigkeit vom pH-Wert des Kühlschmierstoffs

Line of best fit of the roughness measurement depending on the pH-value of the cutting fluid

Die Ausgleichsgerade zeigt auch einen deutlichen Anstieg mit zunehmender Schnitttiefe. Dabei ist der Anstieg geringfügig abhängig vom pH-Wert. Die geringste Steigung zeigte sich bei der Bearbeitung mit der pH 12 Pufferlösung, die größte bei den Messwerten nach der Bearbeitung mit pH 7.

Eine nähere Betrachtung zum Einfluss des Kühlschmierstoffes auf die erzielbare Rauheit und die Oberflächenqualität bei der Drehbearbeitung der Hartmetallproben erfolgt im nächsten Teilkapitel. Insgesamt zeigen die Messwerte keinen signifikanten Einfluss des pH-Wertes auf die erzeugte Rauheit entlang der Nuten.

Die nächste Tabelle zeigt die Rho-Werte der in Abbildung 6-24 gezeigten Ausgleichsgeraden.

Eingangsgröße	Rho-Wert	Eingangsgröße	Rho-Wert
pH 1 Wasser	0,853	pH 10 Wasser	0,891
pH 4 Wasser	0,930	pH 12 Wasser	0,745
pH 7 Wasser	0,997		

Tabelle 6-5: Rho-Werte der Ausgleichsgeraden zu den Versuchen mit den Pufferlösungen
Rho-values of the best fit lines for the investigations with the puffer solutions

Einfluss des Kühlschmierstoffs auf die Rauheit in den erzeugten Nuten

Wie die Untersuchungen gezeigt haben, hat der Kühlschmierstoff einen Einfluss auf den Übergang vom duktilen zum spröden Materialabtragmechanismus. In den Versuchen zum Einfluss der unterschiedlichen Kühlschmierstoffe auf die erzeugte Rauheit in den Nuten kamen Werkzeuge aus monokristallinen Diamanten mit einem Radius von 0,5 mm und einem Spanwinkel von -20° zum Einsatz. Die Abbildung 6-25 zeigt die Ausgleichsgeraden der gemessenen Rauheiten.

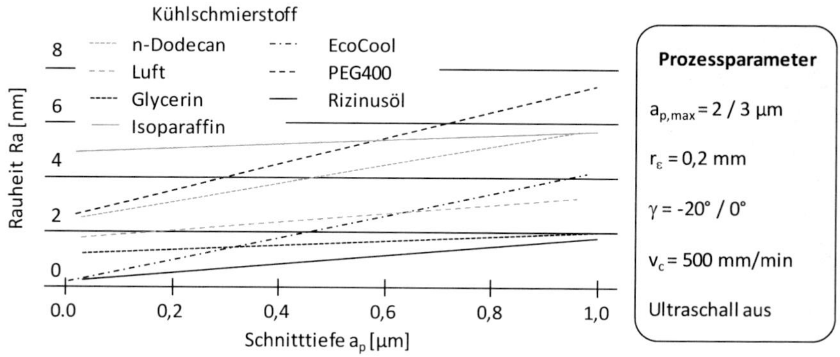

Abbildung 6-25: Ausgleichsgeraden der Rauheitsmessungen in Abhängigkeit vom eingesetzten Kühlschmierstoff
Line of best fit of the roughness measurement depending on the cutting fluid used

Die Messergebnisse belegen, dass die erzeugte Rauheit von dem eingesetzten Kühlschmierstoff und der Schnitttiefe abhängt; nicht nur die Steigungen, sondern auch die Anfangswerte der einzelnen Geraden sind unterschiedlich. Auffallend sind die sehr geringe Oberflächenrauheit bei der Bearbeitung mit Rizinusöl und die verhältnismäßig hohe Rauheit bei Isoparaffin. Beide Geraden zeichnen sich durch eine geringe Steigung aus. Eine Zurückführung auf gewisse Eigenschaften ist allerdings aufgrund der Vielzahl an möglichen Einflüssen nicht möglich.

Die folgende Tabelle 6-6 gibt einen Überblick über die Rho-Werte der abgebildeten Ausgleichsgeraden.

Eingangsgröße	Rho-Wert	Eingangsgröße	Rho-Wert
Glycerin	0,996	Polyethylenglycol	0,8771
Rizinusöl	0,801	EcoCool	0,994
n-Dodecan	0,560		

Tabelle 6-6: Rho-Werte der Ausgleichsgeraden zu den Kühlschmierstoffversuchen
Rho-values of the best fit lines for the coolant investigations

6.3.4 Zusammenführung der Ergebnisse in ein Berechnungsmodell

Merging the results into a calculation model

Zusammenfassend zeigen die Ergebnisse, dass die Rauheit in den erzeugten Nuten deutlich von der Schnitttiefe und den anderen Eingangsgrößen, außer der Schnittgeschwindigkeit, abhängt. Dass die Schnittgeschwindigkeit keinen direkten Einfluss zeigt, konnte auch bei der Zerspanung mit monokristallinen Diamanten von anderen Materialien nachgewiesen werden.

Im Folgenden wird ein Berechnungsmodell zur Bestimmung der Rauheit in Abhängigkeit von den Eingangsgrößen aufgestellt. Dabei wurde der Einfluss des Kühlschmierstoffes außer Acht gelassen, da eine Beschreibung aufgrund der vielfältigen Eigenschaften technisch nicht möglich war. Das folgende Berechnungsmodell beschreibt also lediglich die Abhängigkeit der Rauheit von der Schnitttiefe, dem pH-Wert des Kühlschmierstoffes, der Ultraschallunterstützung, dem Schneideckenradius und dem Spanwinkel der Werkzeuge. Die Schnittgeschwindigkeit zeigte keinen Einfluss und wird daher auch nicht weiter berücksichtigt. Alle aufgestellten Berechnungsmodelle zeigten teilweise recht große Abweichungen von den gemessenen Werten, was auf die Schwierigkeit der messtechnischen Charakterisierung zurückzuführen ist. Ausbrüche auf der Oberfläche und die Krümmung der gemessenen Fläche verfälschen die Ergebnisse.

Die Rauheit Ra als Funktion wird als Kombination der linearen Ausgleichgeraden der Einzelmessungen approximiert (Gleichung 6-8); a_p beschreibt die Schnitttiefe, US die Ultraschallunterstützung, r_ε den Schneideckenradius und γ den Spanwinkel. Es gilt allgemein:

$$\mathrm{Ra}\ (a_p, \text{pH-Wert}, \mathrm{US}, r_\varepsilon, \gamma) = \sum a_i \cdot f_i \qquad \text{Gleichung 6-8}$$

Dabei sind die einzelnen f_i Funktionen der unabhängigen Variablen a_p, pH-Wert, Ultraschall US, Schneideckenradius r_ε und Spanwinkel γ oder einer Kombination dieser. Die Ultraschallunterstützung nimmt lediglich die Werte 0 (=Ultraschall aus) oder 1 (=Ultraschall an) an. Diese Einzelfunktionen sind in der folgenden Tabelle 6-7 wiedergegeben.

f_0 = Konstante	$f_6 = a_p \cdot pH$	$f_{11} = pH \cdot US$
$f_1 = a_p$	$f_7 = a_p \cdot US$	$f_{12} = pH \cdot r_\varepsilon$
f_2 = pH-Wert	$f_8 = a_p \cdot r_\varepsilon$	$f_{13} = pH \cdot$ Spanwinkel γ
f_3 = US	$f_9 = a_p \cdot$ Spanwinkel γ	$f_{14} = US \cdot r_\varepsilon$
f_4 = Schneideckenr. r_ε	$F_{10} = r_\varepsilon \cdot$ Spanw. γ	$f_{15} = US \cdot$ Spanwinkel γ
f_5 = Spanwinkel γ		

Tabelle 6-7: Einzelfunktionen f_i der unabhängigen Variablen
Individual functions f_i of the independent variables

Die meisten dieser Funktionen haben bei einer Anpassung nach der Methode der „Summe der kleinsten Fehlerquadrate“ an die Messwerte sehr kleine Koeffizienten a_i; sie zeigen also keine signifikanten Auswirkungen auf die Rechenergebnisse. Diese bleiben fast unverändert, wenn lediglich vier Funktionen berücksichtigt werden. Diese sind f_0 (Konstante), f_1 (Schnitttiefe), f_3(Ultraschallunterstützung) und f_4(Schneid-eckenradius des Werkzeugs). Damit lässt sich die erzielbare Rauheit in den Nuten durch die Gleichung 6-9 wie folgt annähern:

$$\mathrm{Ra} = 5{,}0 + 7{,}0 \cdot a_p - 3{,}5 \cdot US - 5{,}0 \cdot r_\varepsilon$$

Gleichung 6-9

Diese Gleichung spiegelt eine mathematische Beschreibung der Ausgleichsgerade wider und verdeutlich dabei das Verhalten aller Ausgleichsgeraden, wonach die Rauheit mit steigender Schnitttiefe durch einen positiven Koeffizienten von a_p anstieg.

Die formelmäßige Beschreibung weicht jedoch teilweise erheblich von den gemessenen Werten ab, was allerdings auf die beobachtete Streuung der Messwerte zurückzuführen ist. Die Abbildung 6-26 zeigt zwei beispielhaft aufgestellte Ausgleichsgeraden; eine mit guter Übereinstimmung der Messwerte mit der gebildeten Ausgleichsgerade und eine mit deutlichen Abweichungen der Messwerte von der Gerade.

Trotzdem lässt sich durch eine Übertragung der Ergebnisse auf den Drehprozess die Rauheit für den Endbearbeitungsschritt in gewissen Grenzen vorhersagen und auch an die jeweiligen Anforderungen anpassen. Für ein genaueres Modell und ein tieferes Verständnis der Zusammenhänge bedarf es allerdings deutlich weiterreichender Untersuchungen.

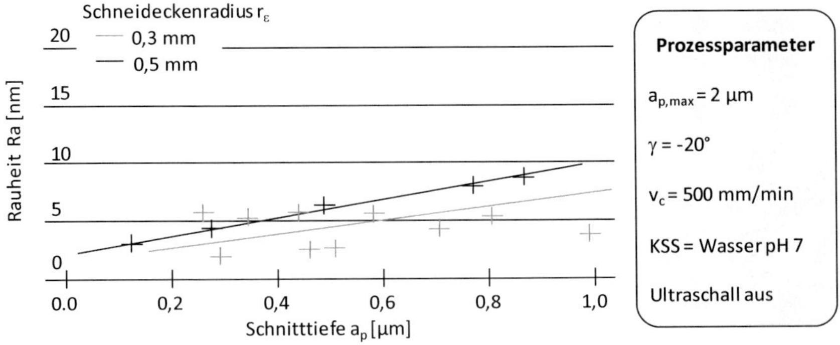

Abbildung 6-26: Beispielhafte Ausgleichsgeraden
Exemplary best fit line

6.4 Fazit der Untersuchungen

Conclusions of the investigations

Die Grundlagenversuche belegen, dass eine duktile Zerspanung von Nanokorn-Hartmetall mit monokristallinem Diamanten möglich ist. Die Untersuchungen zeigten weiter, dass die Einflüsse auf die kritische Spanungsdicke deutlich vielfältiger sind, als es die Gleichung nach BIFANO prognostiziert. Das Diamantwerkzeug mit den Eigenschaften des Schneideckenradius und des Spanwinkels, die Schnittgeschwindigkeit, der eingesetzte Kühlschmierstoff und die Ultraschallunterstützung zeigten zum Teil deutliche Veränderungen des Übergangspunktes vom duktilen zu sprödem Materialverhalten. Der pH-Wert des Kühlschmierstoffes zeigte bei der Bearbeitung von CTN01L keinen Einfluss. Bei anderen Materialien wie Glas zeigte sich ein geringer Einfluss. Die aus den Hobelversuchen empirisch ermittelten Daten wurden in ein Berechnungsmodell überführt, wodurch eine Vorhersage der kritischen Spanungsdicke auf Basis der Eingangsgrößen in dem Versuchsraum möglich ist.

Darüber hinaus zeigten die Untersuchungen, dass innerhalb der duktilen Zerspanung die erreichbare Oberflächenrauheit durch die richtige Wahl der Prozessparameter angepasst werden kann. Einflüsse hierbei sind vor allem der eingesetzte Kühlschmierstoff, der Schneideckenradius des Werkzeugs, die Ultraschallunterstützung und die Schnitttiefe. Mit steigender Zustellung nahm auch die messbare Rauheit zu. Dies ist auf die höhere eingebrachte Energie zurückzuführen. Die Bildung eines Berechnungsmodells ermöglicht in Grenzen die Berechnung der erzielbaren Rauheit bei der Endbearbeitung von CTN01L. Allerdings weichen die Werte bei der Berechnung teilweise deutlich von den gemessenen Werten ab.

Die theoretische Betrachtung der Eingriffsverhältnisse bei der ultraschallunterstützten Zerspanung mit Diamantwerkzeugen zeigte, dass der Kühlschmierstoff in die Zerspanzone eindringen kann. Allerdings beruhten die Berechnungen auf einigen Annahmen.

7 Untersuchungen zum Bearbeitungsergebnis von Hartmetall

Investigations on the machining results while machining of tungsten carbide

Im vorangegangenen Kapitel konnten unterschiedliche Einflüsse auf den Übergang von sprödhartem zu duktilem Materialverhalten von Hartmetall mittels durchgeführter Hobelversuche nachgewiesen werden. Durch die Prozessparameteranalyse kann durch die Wahl der richtigen Parameter eine deutliche Verschiebung der kritischen Spanungsdicke zu größeren Tiefen festgestellt werden.

Die Untersuchungen sahen dabei eine drehtechnische Bearbeitung mit Werkzeugen aus monokristallinen Diamanten vor. Als Eingangsgrößen dienten neben den Kühlschmierstoffeigenschaften die Prozessmodifikation durch die Ultraschallunterstützung, sowie die Korngröße und der Binderanteil der eingesetzten Hartmetalle. Es wurden vier verschiedene Hartmetalle bei konstanten Zerspanparametern bearbeitet. Als Bewertungsgröße dient neben der Oberflächenqualität in Form der Oberflächenrauheit und der Größe und Anzahl der Ausbrüche auch der Werkzeugverschleiß.

Zunächst wurden die gewonnenen Erkenntnisse auf die Drehbearbeitungen mit monokristallinen Diamantwerkzeugen übertragen und Versuche durchgeführt, die die gegenüber der Berechnung mit der Formel von BIFANO höhere kritische Spanungsdicke ausnutzen.

Anschließend erfolgte die Untersuchung der Einflüsse des Kühlschmierstoffes und der Ultraschallunterstützung auf die erzeugbare Oberflächenqualität. Dann wurde derselbe Einfluss auf die Werkzeugstandzeit beleuchtet. Um die Vergleichbarkeit der Ergebnisse zu gewährleisten, wurde der Schnittweg bei der Zerspanung der Hartmetallproben konstant gehalten.

Die Validierung der Ergebnisse erfolgte mittels Fertigung eines Demonstrators unter Nutzung der Erkenntnisse aus den Vorversuchen. Dazu wurde eine gegenüber den Testkörpern größere Fläche mittels Ultrapräzisionszerspanung mit Diamantwerkzeugen auf einer Ultrapräzisionsmaschine bearbeitet.

Dieses Kapitel umfasst die Schritte 2 und 3 der „Drei-Wagon Methode“ (vgl. Kapitel 4.3).

7.1 Einfluss der Prozessstellgrößen auf die erzeugte Oberflächenqualität in Form der Rauheit und der Ausbrüche

Influence of the process variables on the machined surface quality in terms of roughness and pull outs

Eine Grundvoraussetzung für die Endbearbeitung von Oberflächen mit optischen Eigenschaften ist ein duktiler Materialabtrag. Um dies sicherzustellen, darf unter anderem die kritische Spanungsdicke nicht überschritten werden. Dazu wurden die Prozessparameter Vorschub, Schnitttiefe und Schneideckenradius des Werkzeugs in Verbindung mit der Gleichung zur Berechnung der maximalen Spanungsdicke (Gleichung 2-3) so gewählt, dass die maximale Spanungsdicke, die sich während der Bearbeitung einstellt, den kritischen Wert $h_{cu,krit}$ nicht überschreitet. Die Voruntersuchungen hatten gezeigt, dass für die konventionelle Bearbeitung ohne Ultraschallunterstützung kritische Spanungsdicken von 1 µm bei der Zerspanung von CTN01L erreicht werden konnten. Weiter galten für die Untersuchungen die folgenden Annahmen:

- Schneideckenradius des Werkzeugs von r_ε = 0,5 mm
- Gewünschte Oberflächenrauheit von Rz = 20 nm

Mit der folgenden Gleichung lässt sich der notwendige Vorschub f zu ca. 9 µm pro Umdrehung bestimmen. Da es sich hierbei um eine rein theoretische Betrachtung der Oberflächenrauheit handelt, entspricht die maximale Rautiefe Rt der gemittelten Rautiefe Rz.

$$\mathrm{Rt} = \mathrm{Rz} = \frac{f^2}{8 \cdot r_\varepsilon} \rightarrow f = \sqrt{Rz \cdot 8 \cdot r_\varepsilon}$$ Gleichung 7-1

Die Gleichung 7-2 lässt sich nach der Schnitttiefe a_p auflösen und durch Einsetzten des Schneideckenradius, der kritischen Spanungsdicke als maximale Spanungsdicke und des berechneten Vorschubs eine Schnitttiefe von a_p = 4 µm berechnen.

$$h_{cu,max} = r_\varepsilon \left(1 - \sqrt{1 + \left(\frac{f}{r_\varepsilon}\right)^2 - 2 \cdot \left(\frac{f}{r_\varepsilon}\right) \cdot \sqrt{2 \cdot \left(\frac{a_p}{r_\varepsilon}\right) - \left(\frac{a_p}{r_\varepsilon}\right)^2}} \right)$$ Gleichung 7-2

Die Drehversuche mit diesen Parametern zeigten jedoch, dass die Diamantwerkzeuge einem unmittelbaren Verschleiß unterliegen. Keines der Werkzeuge konnte der hohen Kraft während der Zerspanung widerstehen. Dies bestätigt die Untersuchungen von BULLA, wonach die Belastung der Schneide bei der Zerspanung von Hartmetall verhältnismäßig hoch ist. BULLA hat in seiner Arbeit den Einfluss der Ultraschallunterstützung auf die Zerspanung von CTN01L untersucht. Er kam zu der Erkenntnis, dass die Prozessparameter so angepasst werden sollen, dass die maximale Spanungsdicke gerade der kritischen Spanungsdicke nach der Formel nach BIFANO entsprechen soll. Allerdings führten die weiter untersuchten Parameter zu geringeren Spanungsdicken. Durch die Wahl der Parameter soll die punktuelle Belastung der Schneidkante möglichst gering gehalten werden. Für die weiteren Untersuchungen wurden die Zerspanparameter auf Basis der Arbeiten von BULLA wie folgt angepasst:

- Schneideckenradius r_ε = 0,5 mm
- Spanwinkel γ = -20°
- Vorschub f = 1 µm pro Umdrehung
- Schnitttiefe a_p = 1 µm

Grundsätzlich könnten nach der drehtechnischen Bearbeitung unterschiedliche Oberflächenmerkmale beobachtet werden (Abbildung 7-1).

Höchste Oberflächengüten gehen mit möglichst geringen Oberflächenrauheiten einher. Diese werden durch eine plastische Verformung des Materials erreicht. Dabei liegt die in die Zerspanzone eingebrachte Energie unterhalb eines materialabhängigen Kennwertes, sodass keine das Grundmaterial schädigenden Risse entstehen. Entlang der Schnittrichtung verlaufende Riefen auf der Oberfläche weisen zumeist auf einen Verschleiß der monokristallinen Diamantwerkzeuge hin.

Mit steigender eingebrachter Energie in die Zerspanzone, durch zum Beispiel eine steigende Schnitttiefe oder eine schwellende Belastung des Werkzeugs durch einen unterbrochenen Schnitt, entstehen zuerst Risse in den Körnern und entlang der Korngrenzen. Die Materialtrennung ist dabei stark ortsbegrenzt. Übersteigt die eingebrachte Energie einen kritischen Wert, wird diese durch die Bildung neuer Oberflächen verbraucht und es entstehen verstärkt Risse. Diese überlagern sich und führen zu einer verhältnismäßig großen Zerrüttung der Oberfläche. Die Oberflächenrauheit steigt dadurch messbar an.

Merkmal	Beschreibung	Beispiel
Hohe Oberflächengüte	Duktile Bearbeitung der Oberfläche	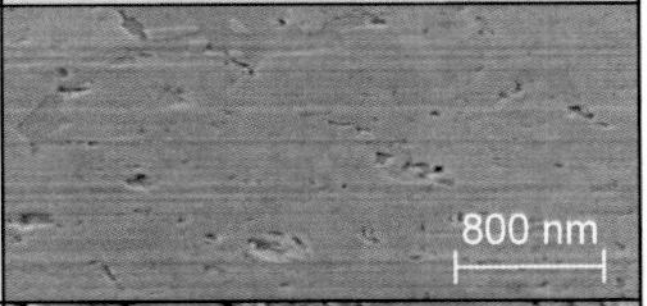
Risse	Eingebrachte Energie führt zu örtlich stark begrenzter Materialtrennung	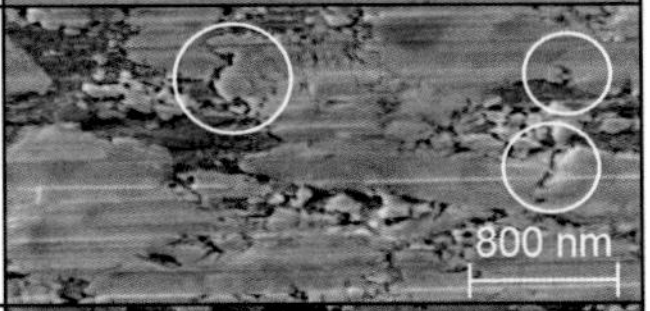
Zerrüttung	Eingebrachte Energie führt zu hoher Anzahl an Rissen und Überlagerungen dieser	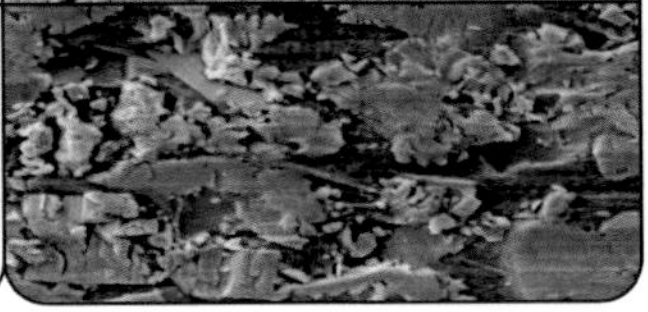

Abbildung 7-1: Oberflächenmerkmale nach der drehtechnischen Bearbeitung von Hartmetall
Surface characteristics after turning of tungsten carbide

Vorgehen zur Messung der Oberflächenrauheit

Die Messung der Oberflächenrauheit erfolgte jeweils auf den plangedrehten Flächen mittels Weißlichtinterferometrie. Die Abbildung 7-2 zeigt eine beispielhafte Messung der Oberfläche auf der linken Seite und die anschließend durchgeführte Detailmessung auf der rechten Seite.

Die linke Seite der Abbildung 7-2 zeigt die bearbeitete Oberfläche mit Eintritts- und Austrittsbereichen des Werkzeugs. Für die Messung der Oberflächenrauheit wurden die Ein- und Austrittsflächen der Werkzeuge nicht berücksichtigt und dadurch eine konstante Spangeometrie und Eingriffsbedingungen gewährleistet, da sich die Spanform und Spangröße in den Bereichen des Werkzeugein- und -austritts aufgrund der steigenden bzw. sinkenden Schnitttiefe ändern.

Für die Detailmessungen wurden jeweils 50 x 50 μm^2 große Flächen innerhalb der gedrehten Bereiche als „Subregion" innerhalb des Auswerteprogramms des Weißlichtinterferometers definiert und dort die Oberflächenrauheit bestimmt. Für die Auswertung wurden mindestens drei Detailmessungen gemacht. Sollten die Werte stark voneinander abweichen, wurden mehr Detailbilder angefertigt, um die Werte statistisch abzusichern. Aus allen gemessenen Werten wurde dann der Mittelwert gebildet und jeweils mit der Messwertstreuung in den folgenden Abbildungen dargestellt. Bei kleinerer Fläche ist die Wahrscheinlichkeit geringer, dass eine Fehlstelle den Messwert verfälscht. Allerdings steigt auch der Einfluss der jeweiligen Fehlstelle an. Liegt keine Fehlstelle auf der Oberfläche vor, liefert die stärkere Vergrößerung eine genauere Messung, da auch kleinste Unebenheiten erfasst werden.

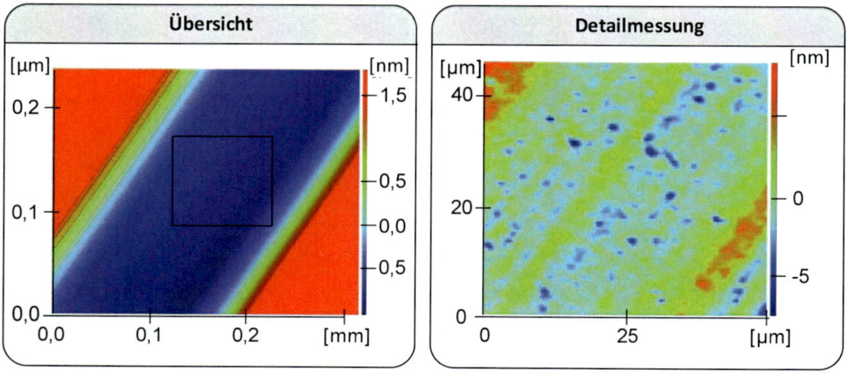

Abbildung 7-2: Gedrehte Oberfläche und Detailmessung
Turned surface and detailed measurement

Einfluss des Kühlschmierstoffes auf das Bearbeitungsergebnis von CTN01L

Bei der Bearbeitung des binderlosen Hartmetalls CTN01L wurde der Einfluss der unterschiedlichen Kühlschmierstoffe auf die Oberflächentopographie untersucht. Die einzige Möglichkeit zur diskreten Variation der Kühlschmierstoffeigenschaften lieferten die Pufferlösungen mit unterschiedlichen pH-Werten. Die Abbildung 7-3 zeigt die mittels Weißlichtinterferometrie gemessenen Rauheitswerte.

Es ist ein grundsätzlicher Einfluss des eingesetzten Kühlschmierstoffes auf die erzeugte Mittenrauheit festzustellen. Alle Oberflächenmessungen zeigten Werte, die typisch für optische Eigenschaften sind. Die Werte lagen zwischen 1,5 nm und 3,5 nm und damit deutlich unterhalb des Grenzwertes für optische Eigenschaften einer Oberfläche von 20 nm. Bei der Bearbeitung mit Pufferlösungen ergaben sich die geringsten Oberflächenrauheiten von 1,5 nm. Ein Einfluss des pH-Wertes zeigte sich lediglich bei den Prozessschwankungen. So zeigte sich bei der Zerspanung mit der Pufferlösung mit einem pH-Wert von 12 eine deutlich größere Schwankung als bei der Zerspanung mit den beiden anderen Lösungen (pH-Wert von 1 und pH-Wert von 7).

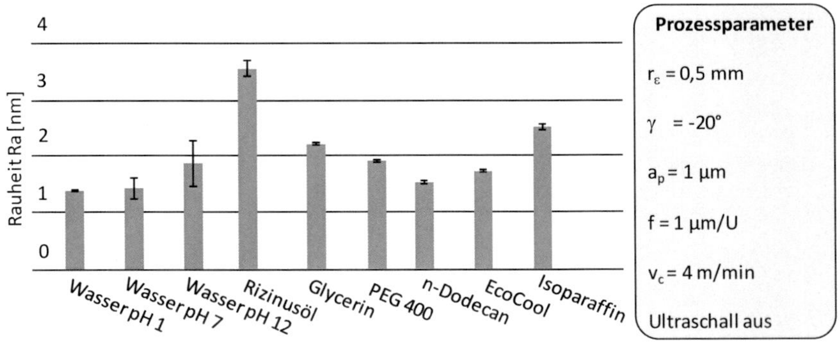

Abbildung 7-3: Erzielte Rauheitswerte bei der konventionellen Drehbearbeitung von CTN01L

Achieved roughness while conventional turning of CTN01L

Die Abbildung 7-4 zeigt Aufnahmen der Oberflächen nach der Zerspanung mit den Pufferlösungen mittels Rasterelektronenmikroskop. Die Oberflächen unterschieden sich durch die Anzahl und Größe an Ausbrüchen. Die Oberfläche nach der Bearbeitung mit der Pufferlösung mit einem pH-Wert von 12 wies deutlich weniger Riefen als die Oberfläche nach der Bearbeitung mit der pH 7-Pufferlösung auf. Trotzdem führten alle drei Oberflächen zu sehr ähnlichen gemessenen Rauheitswerten von Ra < 2 nm. Dies ist auf die Nutzung der arithmetischen Oberflächenrauheit Ra und die Bildung eines Mittelwerts auf mehreren Messungen zurückzuführen. Die höhere Oberflächenrauheit spiegelt sich also vor allem in den höheren Streuungen der Messwerte und höheren Rt-Werten wider.

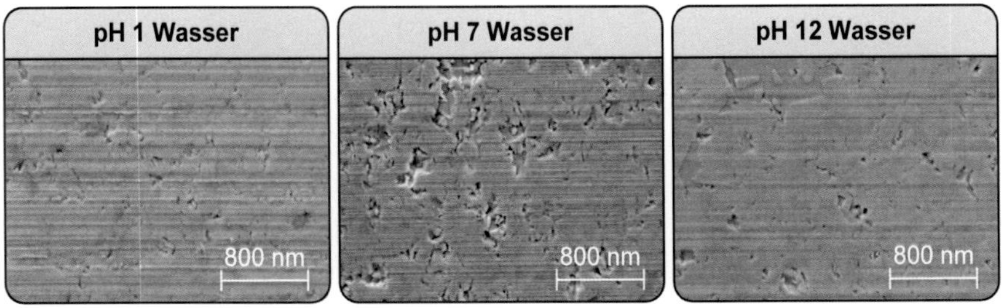

Abbildung 7-4: Oberflächenqualitäten nach der Bearbeitung mit unterschiedlichen Pufferlösungen

Surface quality after machining with different buffer solutions

Die Größe und Anzahl an ausbruchfreien Oberflächenbereichen spricht dafür, dass die Zerspanung von CTN01L durch eine Überschreitung der Fließspannung und damit eine plastische Verformung charakterisiert ist. Allerdings zeigt sich durch die Größe der Ausbrüche auch, dass die Körner unter der Belastung vermehrt im Kollektiv ausbrechen. Dies würde für die Hypothese sprechen, dass sich ein Riss durch die eingebrachte Energie entlang der Korngrenzen ausbreitet und zu dem Kollektivbruch führt. Gerade der Einsatz der Pufferlösung mit einem pH-Wert von 7 führte zu einem vermehrten Ausbruch von Kornkollektiven. Die Untersuchungen zur kritischen Spanungsdicke zeigten bei der konventionellen Zerspanung zwar keinen Einfluss des pH-Wertes, aber die Charakterisierung der Kühlschmierstoffe verdeutlichte, dass die Pufferlösung mit einem pH-Wert von 7 eine gegenüber dem binderlosen Hartmetall CTN01L größere Oberflächenspannung aufwies als die beiden anderen untersuchten Flüssigkeiten. Diese führte bei der drehtechnischen Bearbeitung dazu, dass der Kühlschmierstoff nicht so gut in die Risse eindringen konnte und so nicht zu einer Rissausheilung führte. Andere Eigenschaften wie die Wärmeleitfähigkeit oder die Viskosität unterschieden sich bei den Pufferlösungen nicht signifikant. Ein Bruch von Einzelkörnern ist aufgrund der geringen Korngröße nicht zu erkennen.

Die Abbildung 7-5 zeigt die Oberflächenausprägungen bei der Zerspanung mit den anderen eingesetzten Kühlschmierstoffen. Dabei wurden die Rasterelektronenmikroskopaufnahmen in der Abbildung so angeordnet, dass jeweils das obere und das untere Bild in einer Spalte bei den Untersuchungen zu den Einflüssen auf die kritische Spanungsdicke in Abhängigkeit von dem eingesetzten Kühlschmierstoff ähnliche Ergebnisse zeigten.

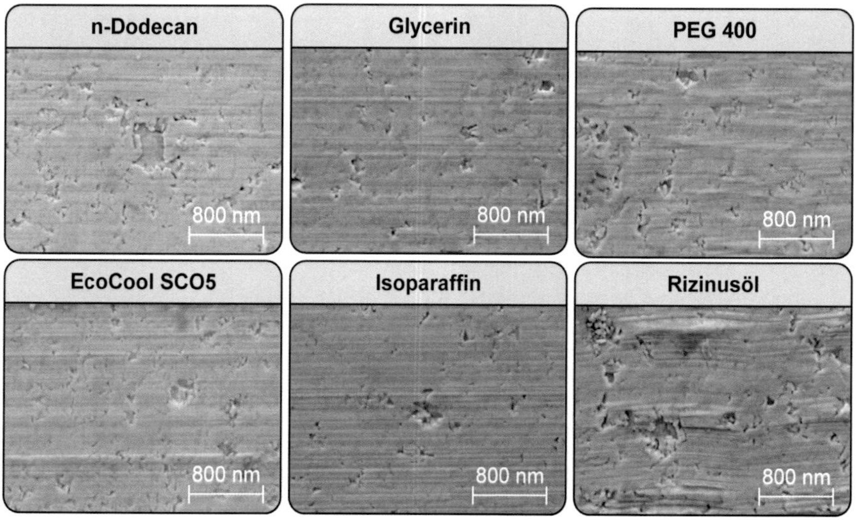

Abbildung 7-5: Übersicht der Oberflächen nach der Bearbeitung mit verschiedenen Kühlschmierstoffen

Overview of the surfaces after machining with different cutting fluids

Generell zeigt sich, dass alle Oberflächen auch bei der Bearbeitung mit den hier eingesetzten Kühlschmierstoffen durch einen duktilen Abtrag und damit durch plastische Verformung der Wolframcarbidkörner gezeichnet sind. Trotzdem unterscheiden sich die Oberflächenbilder. Bei der Bearbeitung mit Rizinusöl zeigten sich verhältnismäßig große Ausbrüche und eine eingebrachte Wellenstruktur, was auch die hohe Rauheit und die starken Messwertstreuungen erklärt. Rizinusöl wies die höchste Viskosität aller eingesetzten Kühlschmierstoffe auf. Die hohe Viskosität führte zu einer verbesserten

Schmierung zwischen dem Werkzeug und dem Werkstoff, was eigentlich zu einer Abnahme der Schnittkräfte führt. Allerdings deuten die Wellen auf eine überlagerte Schwingung senkrecht zur Schnittbewegung hin. Auch bei PEG 400 zeigten sich geringe Wellen, die zu einer leicht erhöhten Rauheit führen. Bemerkenswert ist hier, dass die beiden Kühlschmierstoffe zu den höchsten kritischen Spanungsdicken bei der konventionellen Zerspanung führten.

Alle Aufnahmen der Oberflächen nach der Bearbeitung mit den anderen Kühlschmierstoffen zeigten sehr ähnliche Charakteristika. Eine Tatsache, die nach den Weißlichtinterferometermessungen bereits zu vermuten war, da die Rauheitswerte alle sehr ähnlich waren. Die Oberflächen waren alle durch vereinzelte Risse, Ausbrüche von Kornkollektiven und Riefen gekennzeichnet. Dies entspricht durchaus den Kennzeichen einer duktilen Zerspanung. Dieses Zerspanverhalten kennzeichnet sich auch in den statisch gesehenen großen Bereichen der Zerspanung durch plastische Verformung; also der Erzeugung einer Oberfläche mit geringer Rauheit.

Ein Zusammenhang zwischen der bei den Hobelversuchen erreichten kritischen Spanungsdicke und der erzielten Oberflächenrauheit lässt sich nicht erkennen.

Einfluss der Korngröße und des Binderanteils auf die Oberflächenrauheit

Neben dem binderlosen Hartmetall CTN01L wurden auch andere Hartmetalle mit unterschiedlichen Korngrößen und Binderanteilen bearbeitet und die Oberflächen hinsichtlich der Rauheitswerte und Qualität untersucht. Dazu wurden alle Materialien mit gleichbleibenden Prozessparametern bearbeitet, um eine Vergleichbarkeit der Ergebnisse zu gewährleisten. Die Abbildung 7-6 zeigt Mikroskopaufnahmen beispielhafter Hartmetallbauteile, die im Zuge der Untersuchungen zerspant wurden.

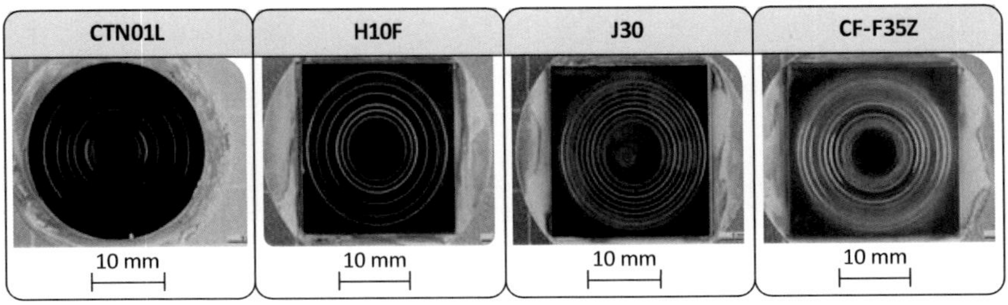

Abbildung 7-6: Mikroskopaufnahmen aller gedrehten Hartmetallbauteile
Images made by microscope of the the turned tungsten carbide work pieces

Die Abbildung 7-7 zeigt die gemessenen Rauheitswerte nach der Bearbeitung mit den Pufferlösungen mit den pH-Werten 1, 7 und 12. In allen getesteten Materialien konnten Oberflächen mit optischen Eigenschaften erzielt werden. Die Mittenrauheitswerte lagen alle deutlich unterhalb von 20 nm. Der höchste Rauheitswert wurde auf dem Hartmetall H10F unter Verwendung der Pufferlösung mit dem pH-Wert von 7 erzielt. Dort lag die erzielte Rauheit bei einem Ra-Wert von 12 nm. Die meisten Rauheitswerte lagen nach den Bearbeitungen unter einem Rauheitswert von Ra = 10 nm. Es zeigte sich sonst kein einheitlicher Einfluss der Materialeigenschaften Korngröße und Binderanteil.

Die Rauheitswerte, die im binderlosen Hartmetall CTN01L erzeugt werden konnten, verdeutlichen die außergewöhnliche Eigenschaft des Materials zu einer defektfreien Oberflächenbearbeitung. Die Messwerte lagen alle deutlich unterhalb der in den anderen Hartmetallen erzielten Rauheitswerte. Dies ist auf den fehlenden Binder und die sehr geringe Korngrenze zurückzuführen.

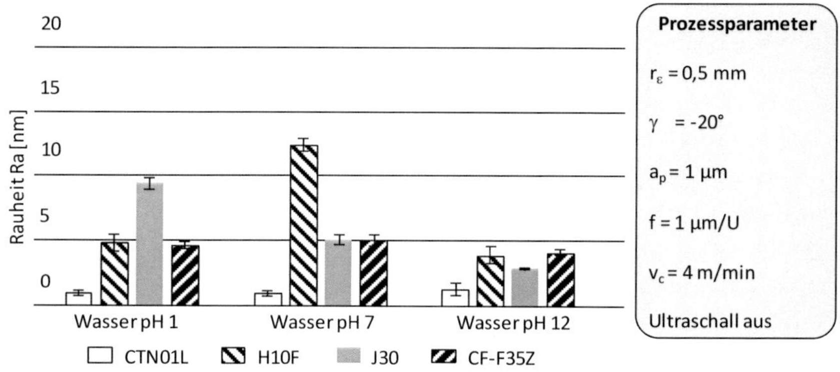

Abbildung 7-7: Einfluss des pH-Wertes bei der Bearbeitung unterschiedlicher Materialien
Influence of the pH-value while machining of different materials

Der Vergleich der Messergebnisse der Rauheitswerte, die in den anderen Hartmetallen erzielt wurden, lässt kein einheitliches Bild zum Einfluss des pH-Wertes auf die erzeugbare Oberflächenrauheit zu. Die Bearbeitungsergebnisse mit der pH 12-Pufferlösung zeigten auf allen Hartmetallen die geringste Rauheit, wobei der Unterschied zwischen den einzelnen Rauheitswerten teilweise äußerst gering ausfällt.

Dies verdeutlicht die nächste Abbildung 7-8, die die Rasterelektronenaufnahmen aller bearbeiteten Hartmetalloberflächen bei der Verwendung der Pufferlösungen als Kühlschmierstoff zeigt.

Alle erzeugten Oberflächen sind durch transkristallinen Bruch gekennzeichnet. Die Hartmetallkörner wurden durch die Bearbeitung mit monokristallinem Diamanten duktil zerspant, was auch die geringen Oberflächenrauheiten erklärt. Wären die Körner mit einem Sprödbruch dominierenden Materialverhalten zerspant worden, so wären die Oberflächen von Rissen und Ausbrüchen gekennzeichnet. Bei manchen Oberflächen zeigten sich deutlich die Abdrücke der verschlissenen Diamanten; zum Beispiel bei der Bearbeitung mit pH 7-Pufferlösung des Materials J30. Da die Oberfläche nach der Bearbeitung des in seinen Eigenschaften sehr ähnlichen Hartmetalls H10F solche Verschleißerscheinungen des Werkzeugs nicht zeigte, verdeutlicht dies die Sensibilität des Prozesses. Darüber hinaus war die Belastungsgrenze der Diamanten durch den Prozess fast erreicht. Daher ist der Unterschied in den gemessenen Rauheitswerten eher durch den Verschleiß der Werkzeuge als durch einen Einfluss des pH-Wertes der eingesetzten Pufferlösungen zu erklären. Wolframcarbid selber ist chemisch gegenüber Säuren und Basen äußerst stabil und die kurze Zeit der Zerspanung unterbindet eine chemische Reaktion des Kühlschmierstoffes mit dem Kobaltbinder.

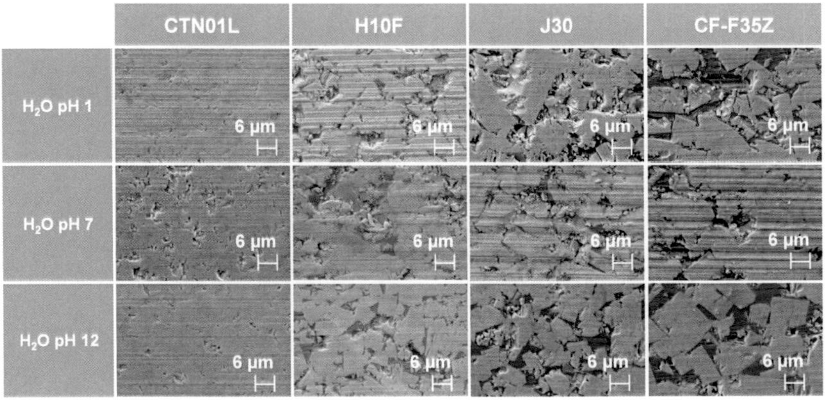

Abbildung 7-8: Aufnahmen der Hartmetalloberflächen nach der Bearbeitung mit unterschiedlichen Pufferlösungen

Images of the tungsten carbides surfaces after machining with different puffer solutions

Gleichzeitig verdeutlichen die REM-Aufnahmen die regellose Verteilung der Hartmetallkörner in der Kobalt-Matrix. Gerade die Aufnahmen des Hartmetalls CF-F35Z, welches den größten Binderanteil und die größte Korngröße aufweist, zeigen die unterschiedlich großen Flächen, die von Binder und Hartmetallkörnern eingenommen werden. So ist auf dem Bild nach der Bearbeitung mit einer Pufferlösung mit einem pH-Wert von 7 fast kein Binder zu erkennen; bei den anderen beiden aber sehr wohl.

Die Abbildung 7-9 zeigt die gemessenen Oberflächenrauheiten nach der Bearbeitung mit den anderen Kühlschmierstoffen. Im Vergleich zu den gemessenen Werten beim Einsatz von Pufferlösungen als Kühlschmierstoff unterscheiden sich die Werte in Abbildung 7-9 deutlicher voneinander und lassen einen Einfluss des eingesetzten Kühlschmierstoffes auf das Bearbeitungsergebnis vermuten.

Bis auf eine Ausnahme lagen alle gemessenen Oberflächenrauheiten unterhalb von Ra = 20 nm und damit wiesen die Oberflächen nach der Bearbeitung optische Eigenschaften auf. Die einzige Ausnahme bildete das Hartmetall CF-F35Z bei der Bearbeitung mit Glycerin. Insgesamt wies CF-F35Z zumeist die größte Oberflächenrauheit nach der Bearbeitung auf. Lediglich bei Isoparaffin als Kühlschmierstoff unterschieden sich die Oberflächenrauheiten nach der Bearbeitung nur geringfügig. Im Gegensatz zur Bearbeitung mit den Pufferlösungen lässt sich bei den Werten aus Abbildung 7-9 ein Einfluss der Korngröße und des Binderanteils erkennen. Die Rauheit scheint hier mit steigendem Binderanteil und steigender Korngröße größer zu werden. Die gemessenen Rauheitswerte von H10F und J30 unterschieden sich bis auf eine Ausnahme nur geringfügig voneinander.

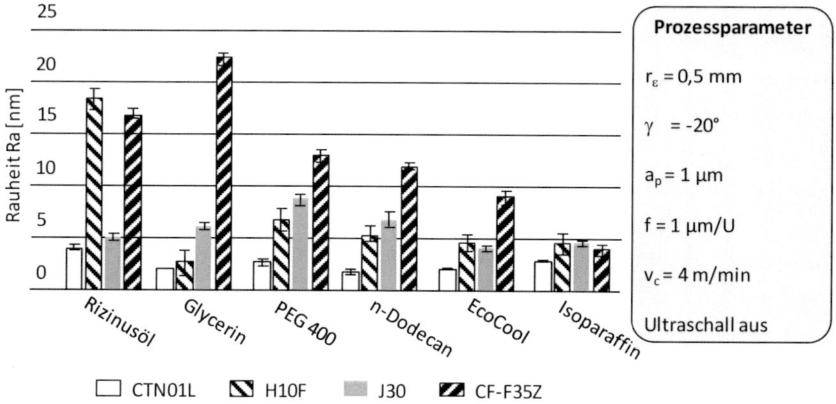

Abbildung 7-9: Oberflächenrauheit nach der Bearbeitung der verschiedenen Hartmetalle mit unterschiedlichen Kühlschmierstoffen

Surface roughness after machining the different tungsten carbides with different cutting fluids

Die nächste Abbildung zeigt Aufnahmen der Oberflächen nach der Bearbeitung mit den unterschiedlichen Kühlschmierstoffen. Die Kühlschmierstoffe hatten bei den Hobelversuchen zu vergleichbaren kritischen Spanungsdicken geführt. Im Vergleich zu den anderen eingesetzten Kühlschmierstoffen sind die erzielbaren kritischen Spanungsdicken als gering einzustufen.

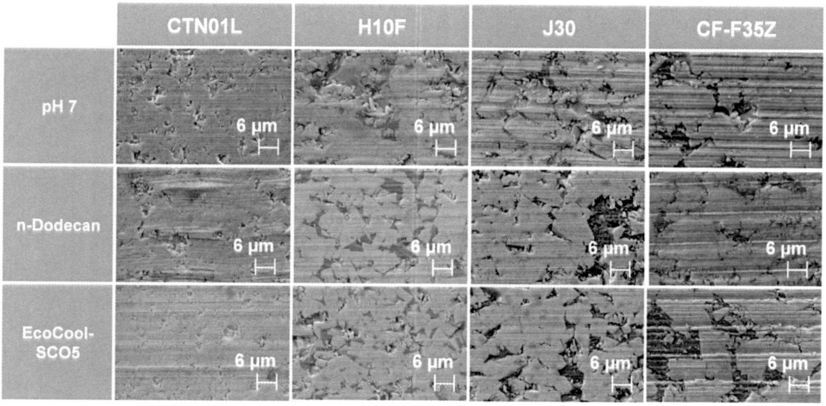

Abbildung 7-10 Oberflächen der Hartmetallproben nach der Bearbeitung mit n-Dodecan, EcoCool und der Pufferlösung mit einem pH-Wert von 7

Surfaces after machining with the cutting fluids n-Dodecane, EcoCool and the puffer solution with a pH-value of 7

Die Oberflächen sind wiederum durch einen duktilen Materialabtrag und damit vor allem durch die Trennung der Wolframcarbidkörner gekennzeichnet. Allerdings zeigten sich hier auch Risse und mögliche Zerrüttung der Körner, welche auch im Vergleich zur Zerspanung des binderlosen Hartmetalls CTN01L zu höheren Oberflächenrauheitswerten führen. Darüber hinaus traten bei den Hartmetallen CF-F35Z und J30 noch Riefen entlang der Schnittbewegung auf, welche die Rauheit noch weiter erhöhen. Diese Riefen lassen auf einen Verschleiß der Diamantwerkzeuge schließen. Eine Auswertung der Diamantwerkzeuge erfolgt im nächsten Teilkapitel. Die folgende Abbildung 7-11 verdeutlicht die auftretenden Risse und Zerrüttungen der Körner nach der Bearbeitung im Vergleich zu Schliffproben, die vor der Zerspanung aufgenommen wurden. Allerdings zeigt das Schliffbild auf der linken Seite der Abbildung auch die regellose Größenverteilung der Körner.

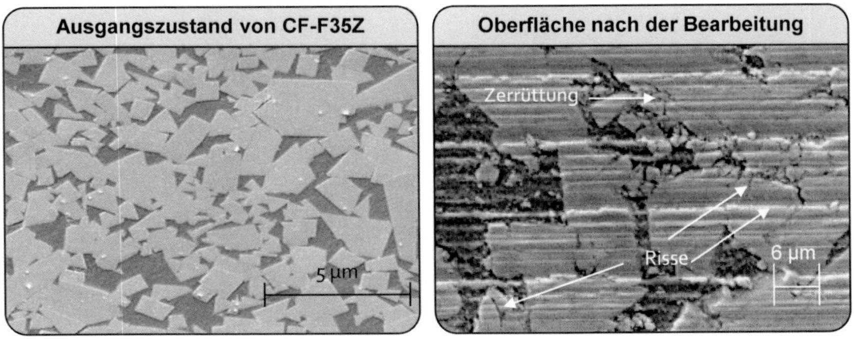

Abbildung 7-11: Aufnahmen der Oberfläche des Hartmetalls CF-F35Z vor und nach der Bearbeitung

Images of the surfaces of the CF-F35Z tungsten carbide type before and after machining

Die Abbildung 7-12 zeigt die bearbeiteten Oberflächen mit den Kühlschmierstoffen, die bei den Hobelversuchen zu einer mittleren kritischen Spanungsdicke geführt haben.

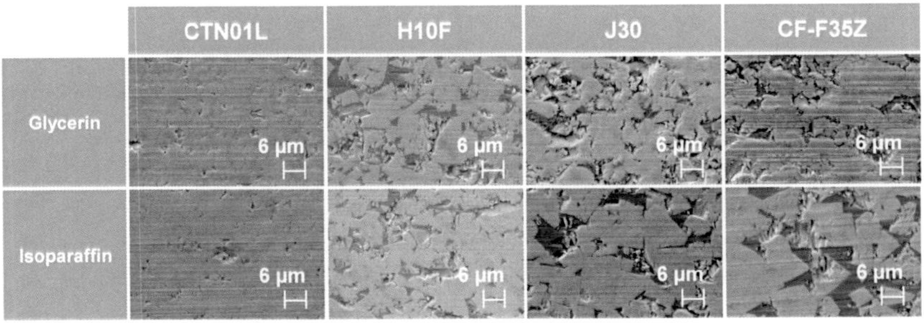

Abbildung 7-12: Oberflächen der Hartmetallproben nach der Bearbeitung mit Glycerin und Isoparaffin

Surfaces after machining with the cutting fluids glycerine and isoparaffine

Die erzeugten Oberflächen sind durch einen duktilen Materialabtrag gekennzeichnet. Auch wiesen die Oberflächen wiederum Riefen entlang der Schnittbewegung auf. Die Anzahl an zerrütteten Körnern erscheint im Vergleich zu den Oberflächen aus Abbildung 7-10 geringer. Allerdings zeigen die beiden Aufnahmen der CF-F35Z-Probe auch die Verteilung der Körner. Die Körner nach der Bearbeitung mit Glycerin erscheinen nicht mehr so scharf abgegrenzt zu sein wie die nach der Bearbeitung mit Isoparaffin. Ansonsten unterscheiden sich die Oberflächen nicht signifikant von den bereits in Abbildung 7-10 vorgestellten. Ein wesentlicher Unterschied zwischen den beiden Kühlschmierstoffen liegt in der dynamischen Viskosität und damit dem Schmiervermögen; Glycerin weist eine deutlich höhere Viskosität auf. Allerdings scheint dies für die Ultrapräzisionszerspanung nicht von Vorteil zu sein. Dies könnte mit der äußerst hohen Schärfe der Diamantwerkzeuge und den damit einhergehenden geringen Reibungsverhältnissen zwischen Werkzeug und Werkstück zusammenhängen.

Aus Abbildung 7-13 sind die Oberflächenaufnahmen zu entnehmen, die bei der Zerspanung mit den Kühlschmierstoffen PEG 400 und Rizinusöl erzeugt wurden. Diese Kühlschmierstoffe hatten bei den Hobelversuchen zu den größten kritischen Spanungsdicken geführt.

Auch die mit den Kühlschmierstoffen PEG 400 und Rizinusöl zerspanten Oberflächen sind durch einen duktilen Materialabtrag gekennzeichnet. Die Wolframcarbidkörner wurden also durch die Diamantschneide plastisch verformt und getrennt. Bei den Oberflächenaufnahmen des Hartmetalls CF-F35Z, die nach der Bearbeitung mit Rizinusöl aufgenommen wurden, ist eine verhältnismäßig starke Zerrüttung der Oberflächen zu erkennen. Auch weist die Oberfläche des Hartmetalls H10F nach der Bearbeitung mit Rizinusöl ein solches Verhalten auf.

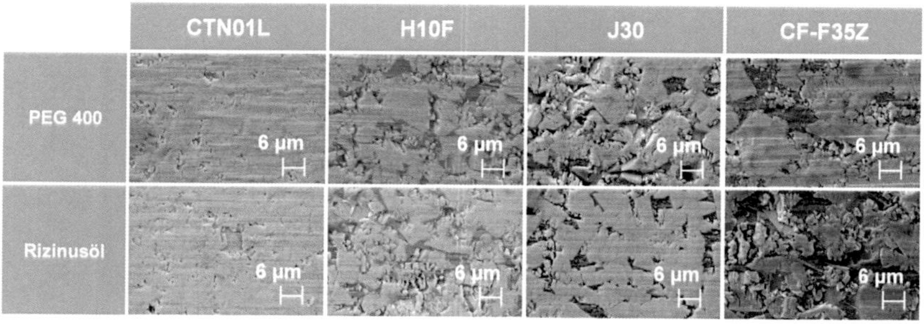

Abbildung 7-13: Oberflächen der Hartmetallproben nach der Bearbeitung mit PEG 400 und Rizinusöl

Surfaces after machining with the cutting fluids PEG400 and oil

Insgesamt zeigten sich im Vergleich zur Zerspanung von CTN01L bei den anderen untersuchten Hartmetallen Rissbildung und zum Teil Zerrüttungserscheinungen. CF-F35Z zeigte bei der Zerspanung mit fast allen eingesetzten Kühlschmierstoffen Zerrüttung, was darauf schließen lässt, dass die Neigung zu dem Oberflächenphänomen mit zunehmendem Kobaltgehalt zunehmen könnte. Dies könnte auf die stärkere schwellende Belastung der Werkzeugschneide aufgrund der größeren Körner und des höheren Binderanteils und der damit einhergehenden Schwankung der Eingriffsverhältnisse und

Energieeinträge zurückzuführen sein. Besonders ausgeprägt war die Zerrüttung bei der Bearbeitung mit Rizinusöl und dem Material CF-F35Z.

Gerade beim Material CF-F35Z mit dem größten Binderanteil von 17,5% zeigten sich deutliche Unterschiede zwischen den Kühlschmierstoffen. Die Oberfläche war bei der Bearbeitung mit Isoparaffin von Oberflächen mit geringen Rauheitswerten geprägt, was auf eine Trennung der Körner mit einem duktilen Zerspanmechanismus deutet. Bei der Bearbeitung mit Rizinusöl und PEG 400 dagegen zeigten die Oberflächen deutliche Risse und Ausbrüche, was auf eine Überlagerung mit einem spröden Materialversagen deuten könnte.

Der Vergleich der gemessenen Rauheitswerte mit den Kühlschmierstoffen, die jeweils bei den Hobelversuchen zu ähnlichen kritischen Spanungsdicken geführt haben, lässt auf keinen Zusammenhang schließen. Allerdings lagen alle maximalen Spanungsdicken bei der Zerspanung auch deutlich unterhalb der gemessenen kritischen Spanungsdicken.

Für die duktile Zerspanung von Hartmetall mit möglichst hoher Oberflächengüte würden sich gemäß den Untersuchungen eine Pufferlösung mit einem pH-Wert von 7, Isoparaffin oder n-Dodecan als Kühlschmierstoff eignen. Während der Zerspanung mit monokristallinen Diamantwerkzeugen führten diese Flüssigkeiten zu den geringsten Oberflächenrauheiten. Dies würde die Theorie nahelegen, dass eine geringe Viskosität für die Bearbeitung von Vorteil ist. Da sich die drei Kühlschmierstoffe in ihrem Vermögen zur Wärmeabfuhr deutlich unterscheiden, könnte dies darauf schließen lassen, dass die meiste Wärme durch den Diamanten abgeführt wird und eine Abfuhr der Wärme durch die Flüssigkeit vernachlässigbar ist.

Einfluss der Ultraschallunterstützung auf die Oberflächenrauheit bei der Bearbeitung von CTN01L

Bei der ultraschallunterstützten Zerspanung erfolgt eine Anregung der monokristallinen Diamantwerkzeuge in Schnittrichtung und bewirkt unter anderem eine erhöhte Druckspannung in der Zerspanzone. Umfangreiche Untersuchungen zum Einfluss der unterschiedlichen Prozessparameter auf die Oberflächenrauheit wurden durch BULLA durchgeführt. Dieser erkannte, dass die überlagerte Bewegung zu einer Oberflächenveränderung in Form von zusätzlichen Riefen führt.

Die Untersuchungen in dieser Arbeit zeigten weiter die Erhöhung der kritischen Spanungsdicke durch die Prozessmodifikation. Die Abbildung 7-14 zeigt die gemessenen Rauheitswerte der bearbeiteten Flächen im binderlosen Hartmetall CTN01L. Wie bei den Hobelversuchen kamen bei den Untersuchungen Werkzeuge mit einem neutralen Spanwinkel zum Einsatz.

Bei der konventionellen Zerspanung lagen die Rauheitswerte zwischen 1,5 nm bei der Bearbeitung mit einer Pufferlösung mit einem pH-Wert von 1 und 3 nm bei dem Einsatz von Rizinusöl als Kühlschmierstoff. Dagegen lagen die gemessenen Werte bei der Bearbeitung mit Ultraschallunterstützung zwischen 2 nm bei der Bearbeitung mit einer pH 12-Pufferlösung und 6,3 nm mit Isoparaffin. Der Unterschied lässt sich vor allem auf die zusätzlich eingebrachten Riefen und Strukturen zurückführen, die bereits von BULLA erkannt wurden.

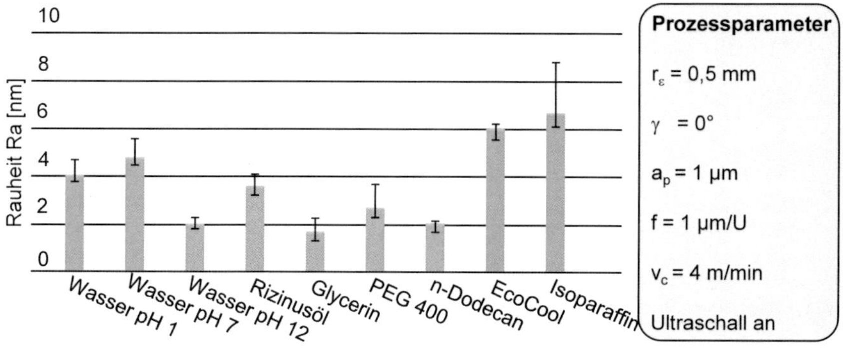

Abbildung 7-14: Einfluss des eingesetzten Kühlschmierstoffes bei der ultraschallunterstützten Bearbeitung von CTN01L

Influence of the used coolant while ultra sonic assisted machining of CTN01L

Die nächste Abbildung 7-15 zeigt die unterschiedliche Oberflächentopographie der beiden Prozesse im Vergleich. Während die Oberflächen der konventionellen Bearbeitung von kleinen Ausbrüchen und Verschleißerscheinungen der Diamantwerkzeuge gekennzeichnet waren, waren diese Merkmale bei der Bearbeitung mit Ultraschallunterstützung zusätzlich von schwingungsspezifischen Artefakten überlagert. Die Ausbrücheanzahl war nach der Bearbeitung mit Ultraschallunterstützung geringer.

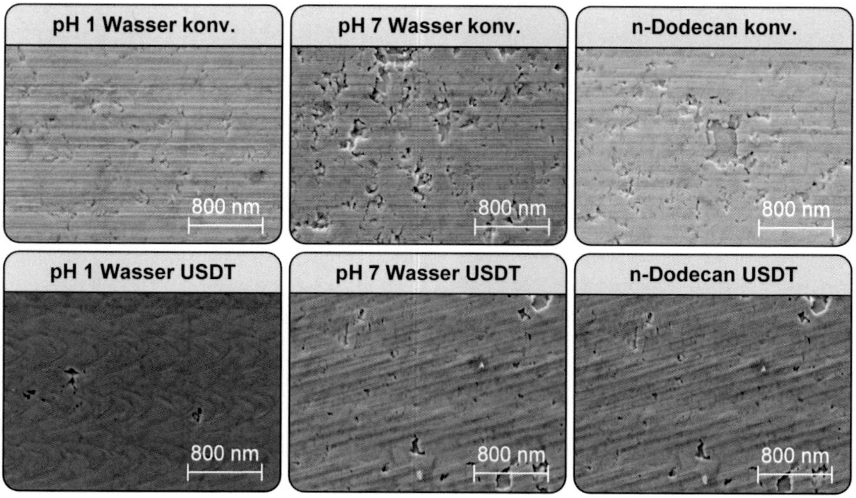

Abbildung 7-15: Vergleich der erzeugten Oberflächen nach der konventionellen und ultraschall-unterstützten Zerspanung von CTN01L

Comparision of the generated surfaces after conventional and ultra sonic assistance machining of CTN01L

In diesem Teilkapitel konnte an unterschiedlichen zerspanten Hartmetallen nachgewiesen werden, dass der Kühlschmierstoff einen Einfluss sowohl auf die erzielbare Oberflächenrauheit als auch auf die Oberflächenqualität in Form von Ausbrüchen hat.

Es war möglich, die Hartmetalle duktil zu zerspanen und Oberflächen mit Ra-Werten von unter 20 nm zu erzielen. Weiter zeigte sich, dass die Schwingung der Ultraschallunterstützung auf der Oberfläche sichtbar ist.

Neben der Oberflächenqualität spielt vor allem die Werkzeugstandzeit für die industrielle Anwendung der Zerspanung mit Diamantwerkzeugen von Hartmetall eine entscheidende Rolle. Im nächsten Kapitel wird daher der Einfluss der Eingangsgrößen auf den Verschleiß der Diamantwerkzeuge untersucht.

7.2 Einflüsse auf den Verschleiß der Diamantwerkzeuge bei der Bearbeitung von Hartmetall

Influences on the tool wear while machining tungsten carbide

Um die Ultrapräzisionszerspanung mit Diamantwerkzeugen als eine Alternative zur Herstellung von Bauteilen mit optischen Eigenschaften aus Hartmetall in der Industrie zu etablieren, ist eine möglichst hohe Werkzeugstandzeit der Diamantwerkzeuge notwendig. Im vorangegangenen Kapitel wurde die Möglichkeit zur duktilen Bearbeitung von Hartmetall mittels Zerspanung mit Diamantwerkzeugen nachgewiesen. Das vorliegende Kapitel beschäftigt sich mit dem Einfluss des Kühlschmierstoffes und der Ultraschallunterstützung auf den Werkzeugverschleiß bei der Bearbeitung von Hartmetall mit unterschiedlichen Korngrößen und Binderanteilen.

Einfluss des Kühlschmierstoffs auf den Werkzeugverschleiß bei der Zerspanung von CTN01L

Die Abbildung 7-16 zeigt die Schneidkanten der Diamantwerkzeuge nach der Bearbeitung von CTN01L. Als Kühlschmierstoff kamen dabei Pufferlösungen mit einem pH-Wert von 1, 7 und 12 zum Einsatz. Wie bereits bei den Untersuchungen zum Einfluss des pH-Wertes auf die kritische Spanungsdicke hatte der pH-Wert keinen signifikanten Einfluss auf den Werkzeugverschleiß. Alle Werkzeuge wiesen weder mechanische noch chemische Verschleißmerkmale auf.

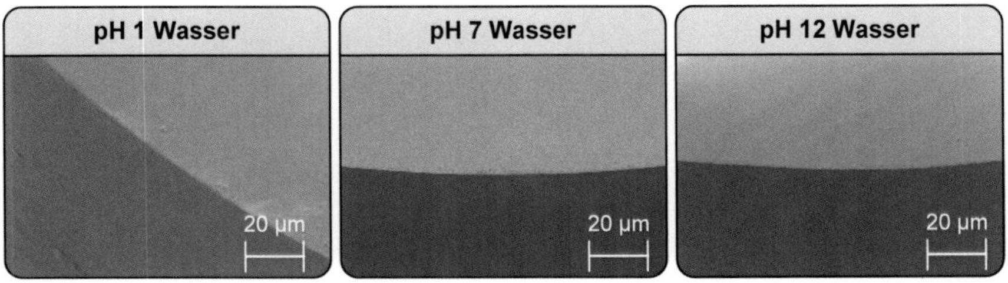

Abbildung 7-16: Einfluss des pH-Wertes des Kühlschmierstoffes auf den Werkzeugverschleiß

Influence of the pH-value of the cutting fluid on the tool wear

Die Ergebnisse sind ein weiteres Indiz dafür, dass die Zerspanung bei den gewählten Prozessparametern duktil erfolgte und sich die Prozessparameter, die aufgrund der Versuchsergebnisse von BULLA gewählt wurden, als Endbearbeitungsparameter eignen. Dieser wies die unterschiedlichen Einflüsse durch die klassischen Prozessparameter, wie Vorschub und Schnitttiefe und den schwingungsspezifischen Parametern, wie Frequenz, nach und gab Empfehlungen hinsichtlich der einzustellenden Prozessparameter, um so die Belastung der Schneidkante so gering wie möglich zu halten.

Die Bilder in der Abbildung belegen, dass die lokale Belastung der Diamanten, wie in der Arbeit von BULLA beschrieben, sehr gering war und nicht für eine mechanische Überbelastung der Schneidkante ausreichte. Durch den geringen Kobaltanteil war der Prozess darüber hinaus äußerst stabil und führte zu keinen Spannungsspitzen durch eine schwellende Belastung. Ein chemischer Verschleiß war aufgrund der chemischen Stabilität des Diamanten gegenüber Säuren und Basen und gegenüber Wolframcarbid nicht zu erwarten.

Auch für die Bearbeitung mit den weiteren Kühlschmierstoffe zeigte sich ein ähnliches Bild hinsichtlich des Schneidkantenverschleißes (Abbildung 7-17). Trotz der unterschiedlichen Eigenschaften der eingesetzten Flüssigkeiten hinsichtlich der Wärmeabfuhr und des Schmierverhaltens zeigten die Werkzeuge keinen signifikanten Verschleiß. Lediglich die Werkzeuge, die zur Bearbeitung mit n-Dodecan und EcoCool eingesetzt wurden, zeigten einen sehr geringen abrasiven Verschleiß. Ein Ergebnis, das nach der Begutachtung der Oberflächen zu erwarten war, da diese geringfügige Riefenstrukturen aufwiesen.

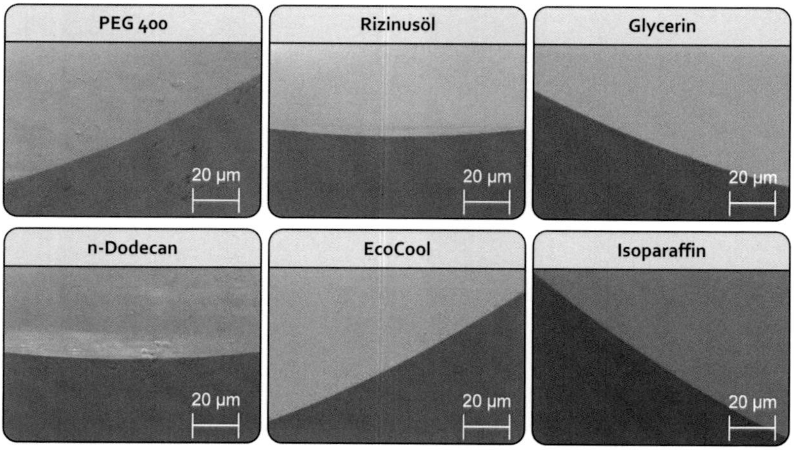

Abbildung 7-17: REM-Aufnahmen der eingesetzten Diamantwerkzeuge nach der Bearbeitung
SEM-Images of the diamond tools after machining

Insgesamt zeigte sich, dass die Diamantwerkzeuge bei der Zerspanung von CTN01L nicht signifikant verschleißen und sich die Zerspanung mit eben diesen somit für eine Endbearbeitung von Bauteilen in Hartmetall eignet. Diese Ergebnisse bestätigen somit die Arbeiten, die von BULLA durchgeführt wurden. Allerdings waren, wie bei den Versuchen von BULLA, die Schnittlängen während der Versuche stark begrenzt, um so die Verschleißverhalten besser vergleichen zu können, da damit möglichst viele Bearbeitungen auf einem Bauteil untergebracht werden konnten.

Einfluss des zerspanten Materials auf den Werkzeugverschleiß

Die Eigenschaften von Hartmetallen können durch die Wahl der Korngröße und des Binderanteils an die jeweilige Aufgabe angepasst werden. Dabei steigt die Härte im Allgemeinen mit sinkendem Binderanteil und geringeren Korngrößen. Im Folgenden wird der Einfluss des Binderanteils und der Korngröße auf den Werkzeugverschleiß untersucht. Dazu wurden drei Hartmetalle, J30, H10F und CF-F35Z, bearbeitet und die Ergebnisse mit denen der Bearbeitung von CTN01L verglichen. CTN01L stellt als binderloses Hartmetall eine Sonderform mit extremen Härtewerten dar.

Wie bereits beschrieben, wiesen die Werkzeuge, mit denen CTN01L bearbeitet wurde, kaum erkennbaren Verschleiß auf. In den folgenden Abbildungen dienen die Aufnahmen der Werkzeuge nach der Bearbeitung von CTN01L dem Vergleich der Ergebnisse.

Die Abbildung 7-18 zeigt eine Übersicht der Werkzeuge nach der Bearbeitung der verschiedenen Hartmetalle und dem Einsatz der Pufferlösungen als Kühlschmierstoff.

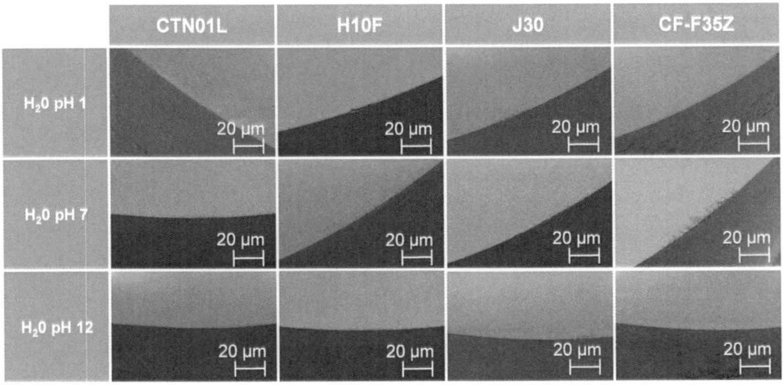

Abbildung 7-18: Aufnahmen der Diamantschneiden nach der Bearbeitung der Hartmetalle mit Pufferlösungen
Images of the diamond tools after machining of tungsten carbide with puffer solutions

Bei der Bearbeitung der Hartmetalle H10F, J30 und CF-F35Z wiesen die meisten Werkzeuge geringfügigen Verschleiß auf. Trotz der geringen Zustellung und des daraus abgeleiteten duktilen Materialabtrags unterhalb der kritischen Spanungsdicke führte der im Vergleich zum CTN01L höhere Binderanteil zu einer Wechselbeanspruchung der Schneidkante. Dadurch traten lokale Überlastungen auf, die letztendlich zu Ausbrüchen führten. Diese wiederum verringerte die Schärfe der Schneide, sodass der Prozess instabil wurde und es zu Quetsch- und Reibvorgängen zwischen dem Werkzeug und dem Werkstück kam. Dadurch wurde die Schneidkante weiter belastet, was zu stärker ausgeprägtem Verschleiß und größeren Verschleißmarkbreiten führen konnte. So zeigten die Werkzeuge bei der

Zerspanung mit der pH 7 Pufferlösung mit steigender Korngröße und steigendem Binderanteil einen verstärkten abrasiven Verschleiß. Der Verschleiß machte sich dann auf der Oberfläche durch Riefen bemerkbar. Wie schon bei den Oberflächenuntersuchungen beobachtet, zeigten auch die Werkzeugverschleißaufnahmen die Sensibilität des Prozesses.

Die beiden Hartmetalle H10F und J30 wiesen mit 0,8 µm und 1 µm ähnliche Korngrößen und gleiche Binderanteile von 10% auf. Trotzdem unterscheiden sich die spezifischen Belastungen der Werkzeugschneiden durch den Unterschied in den Korngrößen. Bei der Zerspanung des Hartmetalls J30 entspricht die Korngröße der Schnitttiefe von 1 µm. Bei der Zerspanung von H10F dagegen ist die Korngröße um 20% geringer als die Schnitttiefe. Trotzdem ähnelten sich die Verschleißmerkmale der Werkzeuge.

Die Analyse der Verschleißmerkmale nach der Bearbeitung mit den Pufferlösungen mit den pH-Werten pH 1, pH 7 und pH 12 wiesen keine signifikanten Unterschiede auf; ein Verhalten, das mit den Beobachtungen der Untersuchungen zur Oberflächenqualitäten vereinbar ist.

Die nächste Abbildung 7-19 zeigt die Aufnahmen der Schneidkante der Diamantwerkzeuge nach der Bearbeitung mit der Pufferlösung mit einem pH-Wert von 7, n-Dodecan und EcoCool.

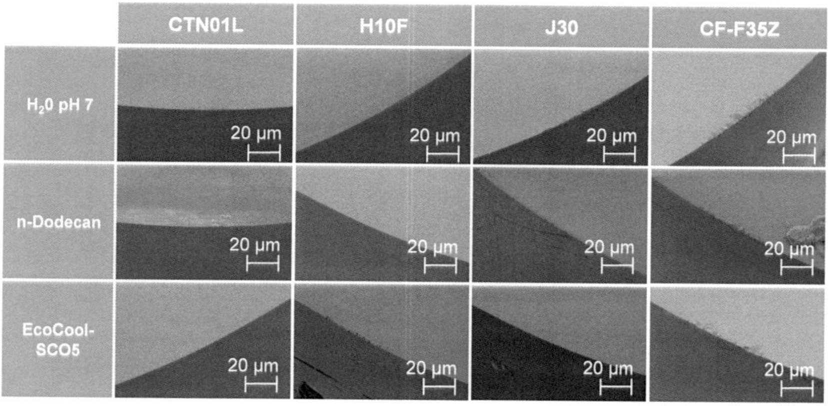

Abbildung 7-19: Aufnahmen der Diamantschneiden nach der Bearbeitung der Hartmetalle mit den Kühlschmierstoffen n-Dodecan und EcoCool

Images of the diamond tools after machining of tungsten carbide with the cutting fluids n-Dodecane and EcoCool

Alle Diamantwerkzeuge nach der Bearbeitung des Hartmetalls CF-F35Z wiesen Verschleiß auf. Die ausgebrochenen Schneidkanten weisen auf einen abrasiven Verschleiß hin. Die Schneidkante versagte durch die zu hohe mechanische Belastung, was wiederum auf die schwellende Belastung durch den höheren Binderanteil zurückzuführen sein könnte. Alle drei eingesetzten Kühlschmierstoffe wiesen eine geringe Viskosität auf. Der Verschleiß der Werkzeuge, die für die Bearbeitung von H10F und J30 eingesetzt wurden, verdeutlicht, dass die Werkzeuge an der Grenze ihrer Belastbarkeit eingesetzt wurden. Beide Hartmetalle unterscheiden sich in ihren Eigenschaften nur geringfügig und führten doch zu unterschiedlichen Ergebnissen. So zeigte zum Beispiel das Verschleißverhalten der Werkzeuge beim Einsatz von EcoCool als Kühlschmierstoff ein umgekehrtes Verhalten zu dem Verschleiß bei der Zerspanung mit der Pufferlösung mit einem pH-Wert von 7. Die Abbildung 7-20 zeigt die Aufnahmen, die mit einem Rasterelektronenmikroskop von den Werkzeugen nach der Bearbeitung der Hartmetalle mit den Kühlschmierstoffen Glycerin und Isoparaffin gemacht wurden.

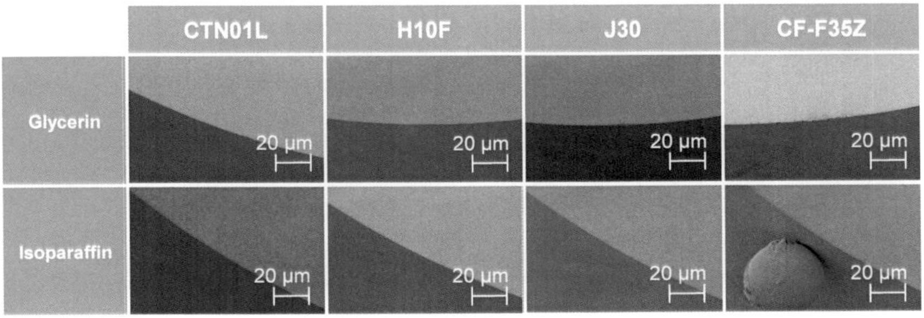

Abbildung 7-20: Aufnahmen der Diamantschneiden nach der Bearbeitung der Hartmetalle mit den Kühlschmierstoffen Glycerin und Isoparaffin
Images of the diamond tools after machining of tungsten carbide with the cutting fluids glycerine and isoparaffine

Bei der Bearbeitung mit den beiden Kühlschmierstoffen Gylcerin und Isoparaffin zeigte sich ein ähnliches Verschleißverhalten der Werkzeuge wie bei den Aufnahmen in Abbildung 7-20. Die Werkzeuge wiesen nach der Bearbeitung des Hartmetalls CF-F35Z Verschleiß auf. Die Werkzeuge nach der Bearbeitung von J30 und H10F waren noch unversehrt. Die Abbildung 7-21 zeigt das Verschleißverhalten der Werkzeuge nach der Bearbeitung der Hartmetalle mit den Kühlschmierstoffen Rizinusöl und PEG 400.

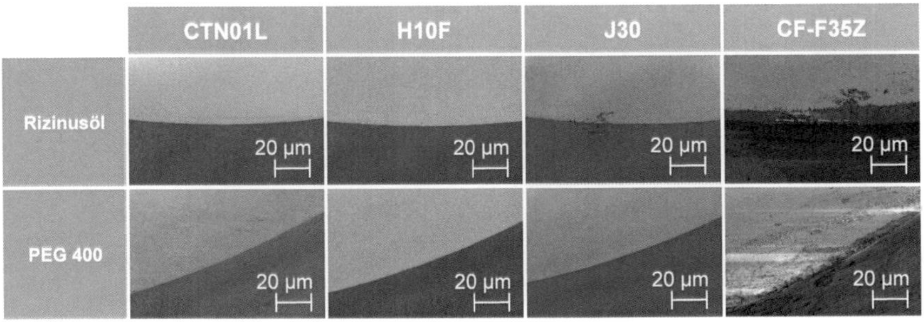

Abbildung 7-21: Aufnahmen der Diamantschneiden nach der Bearbeitung der Hartmetalle mit den Kühlschmierstoffen Rizinusöl und PEG 400
Images of the diamond tools after machining of tungsten carbide with the cutting fluids castor oil and PEG 400

Die Werkzeuge nach der Bearbeitung des Hartmetalls CF-F35Z zeigten beide erhebliche Verschleißerscheinungen. Daneben wies nur das Werkzeug nach der Zerspanung von J30 in Verbindung mit Rizinusöl Verschleiß auf.

Zusammenfassend zeigten die Untersuchungen, dass die Diamantwerkzeuge durch die zu hohe mechanische Belastung der Schneidkante verschleißen. Da das Material CTN01L eine insgesamt höhere Härte aufweist und die Werkzeuge nach der Bearbeitung keinen Verschleiß zeigten, kann diese Überbelastung auf eine schwellende Belastung durch den höheren Binderanteil zurückzuführen sein. Chemischer Verschleiß war bei keinem der Versuche nachzuweisen.

Das nächste Kapitel untersucht den Einfluss der Ultraschallunterstützung auf den Werkzeugverschleiß. Die Ultraschallunterstützung führt sowohl zu einem unterbrochenen Schnitt als auch zu höheren Druckspannungen in der Zerspanzone und einer besseren Kühlschmierstoffzufuhr.

Einfluss der Ultraschallunterstützung auf den Diamantenverschleiß

Der Einsatz der Ultraschallunterstützung führt zu einer erhöhten schwellenden Belastung der Werkzeuge. Die Untersuchungen zum Einfluss der Korngröße und des Binderanteils zeigten einen gesteigerten Verschleiß durch die schwellende Belastung an der Schneidkante.

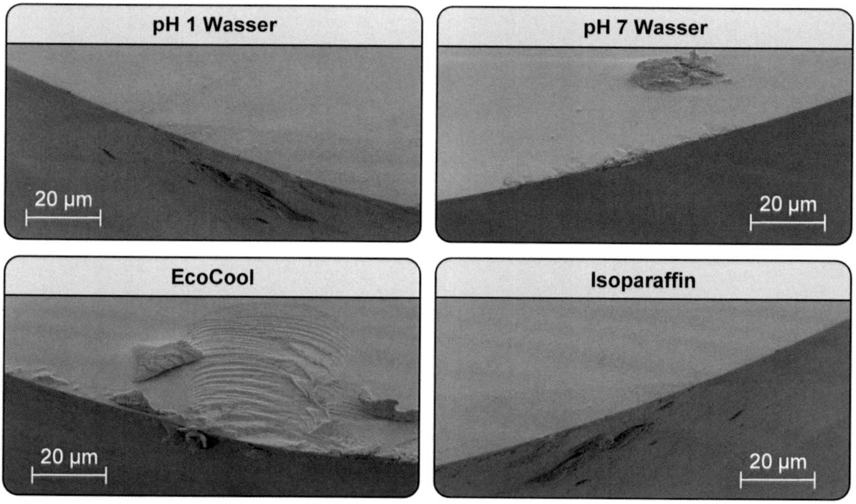

Abbildung 7-22: Verschleiß der Diamantwerkzeuge nach der ultraschallunterstützten Zerspanung von CTN01L

Tool wear of the diamond tools after machining of CTN01L with ultra sonic assistance

Die Abbildung 7-22 zeigt REM-Aufnahmen von Schneidkanten nach der Bearbeitung von CTN01L mit Ultraschallunterstützung. Deutlich ist dabei der teilweise erhöhte Verschleiß gegenüber der konventionellen Zerspanung zu erkennen. Durch die zusätzlich eingebrachte Schwingung und der damit einhergehenden Belastung der Schneidkanten verschleißten diese deutlich schneller und stärker als bei der konventionellen Zerspanung. Ähnliche Ergebnisse zeigte BULLA in seiner Arbeit [Bull13].

7.3 Fazit der Untersuchungen

Conclusion of the investigations

Die Untersuchungen zu diesem Kapitel belegen, dass eine drehtechnische Bearbeitung von Hartmetall mit monokristallinen Diamanten in Grenzen möglich ist. Eine Nutzung der durch die Hobelversuche ermittelten kritischen Spanungsdicken war bei der Drehbearbeitung aufgrund von unmittelbarem Werkzeugverschleiß nicht möglich. Daher wurden in diesem Kapitel die empfohlenen Parameter aus der Arbeit von BULLA verwendet.

Die Untersuchungen belegen, dass die Hartmetalleigenschaften (Korngröße und Binderanteil), die Kühlschmierstoffeigenschaften und die Prozessmodifikation der Ultraschallunterstützung sowohl einen Einfluss auf die Oberflächenqualität, in Form der erzeugten Oberflächenrauheit und der Anzahl der Ausbrüche, als auf den Werkzeugverschleiß bei der drehtechnischen Bearbeitung mit monokristallinen Diamantwerkzeugen haben.

Ein Zusammenhang zwischen den in den Hobelversuchen ermittelten kritischen Spanungsdicken und einem gewissen Bearbeitungsergebnis ließ sich in den Versuchen nicht erkennen.

8 Zusammenfassung und Ausblick

Conclusion and outlook

Die Zielsetzung dieser Arbeit bestand in der systematischen Erforschung der Einflüsse auf das duktile Materialverhalten von Hartmetall bei der Zerspanung mit monokristallinen Diamantwerkzeugen. Der Aufbau eines solchen grundlegenden Verständnisses der Einflussfaktoren birgt die Möglichkeit, das Optimierungspotenzial der Technologie zu erkennen und dahingehend auszunutzen, dass beispielsweise ein alternatives Fertigungsverfahren für die Herstellung von Formwerkzeugen mit optischen Eigenschaften bereitgestellt wird oder die Prozessauslegung effizienter gestaltet werden kann. Die Forschungsarbeit basiert dabei auf der Hypothese, dass durch die prozesstechnische Analyse der Einflussfaktoren auf die duktile Zerspanbarkeit von Nanokorn-Hartmetall mit monokristallinen Diamantwerkzeugen die Grenzen der Bearbeitung erkannt und die Erkenntnisse für eine wirtschaftliche Bearbeitung genutzt werden können.

Der Anwendungsbereich der Forschungsarbeit liegt in der Bearbeitung von Bauteilen mit Oberflächen mit optischen Eigenschaften aus dem sprödharten Material Hartmetall mittels UP-Zerspanung. Allgemein sind für die duktile Zerspanung zwei Grundvoraussetzungen einzuhalten: Zum einen muss eine Druckspannung in die Zerspanzone induziert werden und zum anderen darf die Spanungsdicke einen materialspezifischen kritischen Wert nicht überschreiten. Die Größe der kritischen Spanungsdicke ermöglicht, die Einflüsse der unterschiedlichen Prozesseinstellgrößen, wie Schnittgeschwindigkeit, Werkzeugeigenschaften, der Prozessmodifikation der Ultraschallunterstützung sowie des eingesetzten Kühlschmierstoffes zu untersuchen und zu quantifizieren.

Die genaue Kenntnis der Eigenschaften der eingesetzten Werkstoffe und Kühlschmierstoffe ist eine Voraussetzung für ein umfassendes Verständnis des Zerspanprozesses. Für die Bearbeitungsversuche wurden vier WC-Co Hartmetalle und 11 Kühlschmierstoffe untersucht. Die Hartmetalle unterschieden sich dabei in ihrer Korngröße und dem Kobaltbinderanteil. Eine Analyse der Eigenschaften zielte vor allem auf die Bestimmung der kritischen Spanungsdicke ab. Deutlich umfangreicher waren die Charakterisierungen der verschiedenen Kühlschmierstoffe, die verschiedenen chemischen Stoffgruppen angehörten und sich daher in ihren Eigenschaften unter anderem hinsichtlich des pH-Wertes und der Wärmeleitfähigkeit unterschieden. Daneben wurden auch Untersuchungen zum Benetzungsverhalten der einzelnen Kühlschmierstoffe durchgeführt.

Zur Analyse der verschiedenen Einflüsse auf die kritische Spanungsdicke wurden Hobelversuche analog zum Einkornritzversuch durchgeführt. Als Versuchswerkstoff diente hier lediglich das Nanokorn-Hartmetall CTN01L, da die anderen Hartmetalle durch ihren höheren Kobaltbinderanteil und den daraus abgeleiteten metallähnlichen Eigenschaften kritische Spanungsdicke von mehreren µ-Metern besitzen und diese bei der Zerspanung mit Diamantwerkzeugen aufgrund der fragilen Schneidkanten nicht erreicht werden können. Alle empirisch gesammelten Daten wurden zuerst in Einzelformeln überführt, die dann in einem empirischen Berechnungsmodell zur Vorhersage des Übergangspunktes von duktilem zu sprödhartem Materialverhalten zusammengefasst wurden. Alle gefundenen Einflüsse wurden so berücksichtigt. Es zeigte sich beispielsweise, dass der pH-Wert des eingesetzten Kühlschmierstoffes keinen Einfluss auf die kritische Spanungsdicke hat, was auf die hohe chemische Beständigkeit des Hartmetalls zurückzuführen ist. Die anschließende Validierung zeigte eine gute Übereinstimmung zwischen den berechneten und den empirisch ermittelten kritischen Spanungsdicken. Insgesamt zeigten die Untersuchungen den deutlichen Unterschied zwischen den empirischen Daten und dem theoretischen Wert, der sich nach der Gleichung nach BIFANO errechnen lässt. Ferner wurde ein Erklärungsmodell für das Zerspanverhalten des Hartmetalls in Abhängigkeit der Eingangsgrößen entwickelt.

Weiter erfolgten Untersuchungen zum Einfluss der Eingangsgrößen auf die in den Nuten während des Hobelns erzeugte Rauheit in Abhängigkeit der Schnitttiefe. Es konnte nachgewiesen werden, dass vor allem der eingesetzte Kühlschmierstoff, der Schneideckenradius, die Ultraschallunterstützung und die Schnitttiefe einen erheblichen Einfluss auf die Rauheit trotz eines durchgehend duktilen Abtrags haben. Dabei nimmt messbare Rauheit mit steigender Zustellung zu. Auch diese empirischen Daten bildeten die Grundlage eines Berechnungsmodells.

Anschließend wurden die Ergebnisse aus den Hobelversuchen auf das Drehen mit monokristallinen Diamanten von Hartmetall angewendet. Im Fokus lagen dabei die Untersuchungen zum Einfluss der Materialeigenschaften, des eingesetzten Kühlschmierstoffes und der Ultraschallunterstützung auf die generierte Oberflächentopographie in Form der Rauheit und der Oberflächenqualität, charakterisiert durch Ausbrüche und Defekte, sowie dem Werkzeugverschleiß. Dazu wurden die vier Hartmetalle unter konstanten Schnittbedingungen und bei gleichbleibenden Schnittlängen mittels konventioneller und ultraschallunterstützter Zerspanung mit Diamantwerkzeugen in einem Drehprozess zerspant. Es konnte ein Einfluss der Eingangsgrößen nachgewiesen werden.

Die vorliegende Dissertation liefert einen deutlichen Wissensbeitrag zum Verständnis der verschiedenen Einflüsse auf das Zerspanverhalten von WC-Co Hartmetallen bei der Bearbeitung mit monokristallinen Diamantwerkzeugen. Die aufgestellten Berechnungsmodelle liefern eine Möglichkeit zu einer effizienteren Prozessauslegung. Allerdings basieren die aufgestellten Berechnungsmodelle auf den empirisch gesammelten Daten und lassen sich somit nicht unmittelbar auf andere sprödharte Werkstoffe, wie andere Hartmetalle oder Gläser, übertragen. Detaillierte Untersuchungen müssen daher für weitere Werkstoffe erfolgen, um so den Einfluss der Materialeigenschaften mit berücksichtigen zu können. Weiter gilt es noch, weitere mögliche Einflüsse zu identifizieren und zu beschreiben.

9 Literaturverzeichnis

Bibliography

[BART94] Bartz W.J., Band 7 von Handbuch der Tribologie und Schmierungstechnik: Viskosität und Fliessverhalten, expert Verlag, 1994

[BAUM96] Baumann, W.; Herberg-Liedtke, B., Chemikalien in der Metallverarbeitung. Daten und Fakten zum Umweltschutz, Berlin: Springer, 1996

[BECK75] Becker E., Bürger W., Kontinuumsmechanik, Teubner, 1975

[BENE14] Benedix, R., Bauchemie für das Bachelor-Studium. Modern-Kompetent-Kompakt. 2., korr. Aufl. Wiesbaden: Springer Vieweg, 2014, ISBN: 9783658054236

[BERN16] Bernhardt, F., Entwicklung eines Verschleißmodells auf Basis der Degradationsmechanismen von Platin-Iridium-Beschichtungen beim Glaspressen, Apprimus Wissenschaftsverlag, 2016

[BERT07] Bertalan, C., Technologische Untersuchungen zum Präzisions-Hartdrehen von Hartmetall, Shaker Verlag, Dissertation RWTH Aachen, 2007

[BIFA91] Bifano, T.G.; Dow, T.A.; Scattergood, R.O., Ductile-Regime Grinding, A new Technology for Machining Brittle Materials, Journal of Engineering for Industry. Vol. 113, 1991, S. 184-189

[BLAC91] Blackley, W.S.; Scattergood, R.O., Ductile Regime Machining for diamond turning of Brittle Materials, Precision Engineering, Vol. 13 No 2, 1991

[BLAK90] Blake, P.N.; Scattergood, R.O., Ductile Regime Machining of Germanium an Silicon, Journal of the American Ceramic Society, 73[4]949-57, 1990

[BÖGE08] Böge A. (Herausg.), Vieweg Handbuch Maschinenbau: Grundlagen und Anwendungen der Maschinenbau-Technik, Springer Verlag, 2008

[BOVE10] Boveleth, W.; Rabente, T., Kühlschmierstoffe, 1. Aufl. Bochum: Info Media, 2010

[BREH08] Brehl, D.E.; Dow, T.A., Review of vibration-assisted machining, Precision Engineering, 32, Jg., 2008, S. 153-172

[BRIN00] Brinksmeier, E.; Riemer O., Wirkmechanismen bei der Mikrozerspanung, Materialwissenschaft und Werkstofftechnik. Jg., 2000, Nr. 31, S. 754-759

[BRIN07] Brinksmeier, E.; Gläbe, R.; Osmer, J., Ultra-Precision Diamond Cutting of Steel Molds, Annals of the CIRP, 55/1/2006, S. 551-554

[BRUK18] N.N., Bruker, URL: https://www.bruker.com/de/products/surface-and-dimensional-analysis/3d-optical-microscopes/contourgt-x/overview.html

[BULL13] Bulla, B., Ultrapräzisionszerspanung von Nanokorn-Hartmetall mit monokristallinen Diamantwerkzeugen, Dissertation RWTH Aachen, 2013

[CZIC92] Crichos, H., Tribologie-Handbuch, Reibung und Verschleiß, Systemanalyse, Prüftechnik, Werkstoffe und Konstruktionselemente, Braunschweig, Vieweg Verlag, 1992

[DEGN12] Degner, R., pH-Messung: Der Leitfaden für Praktiker, Weinheim, Wiley-Vch Verlag GmbH, 2012

[DIN11] N.N., Deutsche Gesetzliche Unfallversicherung e.V., Tätigkeiten mit Kühlschmierstoffen, 2011

[DAYM06] Day, M., Universelle Präzisionsmaschinen zur Herstellung großflächiger Mikrostrukturen, Dissertation RWTH Aachen, 2006

[DENK11] Denkena, B; Toenshoff H.K., Spanen, Grundlagen, Springer Verlag, Berlin Heidelberg New York, 2011

[DETT06] Dettmer, T., Nichtwassermischbare Kühlschmierstoffe auf Basis nachwachsender Rohstoffe, Dissertation Technische Universiät Carolo-Wilhelmina zu Braunschweig, 2006

[DOHM16] Dohmann, J., Thermodynamik der Kälteanlagen und Wärmepumpen: Grundlagen und Anwendungen der Kältetechnik, Springer-Verlag, 2016

[DREY01] Dreyer, K., Westphal, H., Je kleiner das Korn, desto härter im Nehmen, Industrieanzeiger, 32, 2001

[DUR07] Durazo-Cardenas, I., Shore, P., Luo, X., Jacklin, T., Impey, S.A., Cox, A., 3D Characterisation of Tool Wear Whilst Diamond Turning Silicon, Wear, Volume 262, Issues 3-4, 2007, S. 340-349

[ECKH81] Eckhardt, F., Kühlschmierstoffe für die Metallbearbeitung, Arten, Auswahl, Grundlagen, Mobil Oil AG. Hamburg, 1988, Firmenschrift

[ERTL03] Ertl, S., Untersuchungen zur Herstellung und zum Einsatz mikrotechnischer gefertigter Diamantwerkzeuge, Dissertation Albert-Ludwigs-Universität Freiburg, 2003

[EVAN91] Evans, C., Cyrogenic Diamond turning of stainless steel, Annals of the CIRP, Jg.1991, 47, S. 571-575

[FÄHN98] Fähnle, O.; van Brug, H.; Frankena, H., Fluid jet polishing of optical surfaces, Applied optics, 37/28, 1998

[FÄHN16] Fähnle, O., Process optimization in optical fabrication, Optical Engineering, 55, 2016

[FEJA12] Feja, S., Möglichkeiten der Wärmeleitfähigkeitsmessung von Kältemittel-Öl-Gemischen, Conference: DKV Deutsche Kälte-Klima Tagung Würzburg, 2012

[FUCH13] N.N., Fuchs Europe Schmierstoffe GmbH, Wassermischbare Kühlschmierstoffe der neuen Generation, 2013

[GERT06] Gerthsen, T.: Anorganische Chemie für Werkstoffe und Verfahren. (Reihe: Chemie im Maschinenbau, 1). Karlsruhe: Universitätsverlag Karlsruhe, 2006

[GLAE03] Gläbe, R., Prozess- und Schneidstoffentwicklung zur ultrapräzisen Drehbearbeitung von Stahl, Dissertation IWT, Universität Bremen, 2003, S. 54-64

[GOTT07] Gottstein, G., Physikalische Grundlagen der Materialkunde, Springer Verlag, Berlin Heidelberg New York, 2007

[GUBB06] Gubbels, G., Diamond Turning of Glassy Polymers, Dissertation Technische Universiteit Eindhoven, 2006

[HALL82] Hall, H.T., Synthetic Diamonds, Encyclopedia of chemical processing and design, New York and Basel, 1982

[HERI07] Hering, E., Martin, R., Stohrer M.: Physik für Ingenieure, Springer Verlag, Berlin Heidelberg New York, 2007

[HESE09] Heselhaus, M., Unidirektionale schwingungsunterstützte Ultrapräzisionszerspanung eisenhaltiger Werkstoffe mit definierter Schneidteilgeometrie, Dissertation RWTH Aachen, 2009

[IMMI10] Immink, H.: Superhydrophobe Oberflächen: Funktionserhaltung durch Regeneration. Bonn, 2010

[JASP99] Jaspers, S.P.F.C., Metal Cutting Mechanics and Material Behaviour, PhD thesis, Technische Universiteit Eindhoven, Eindhoven, 1999

[JIA13a] Jia, P., Influence of cutting compound on critical cut depth of glass BK7, Key Engineering Materials, Vol. 579-580, 2013

[JIA13b] Jia, P., Effect of Cutting Fluid on Machinability of Optical Glass SF6, Key Engineering Materials, Vol. 579-580, 2013

[KASS69] Kassen, G., Beschreibung der elementaren Kinematik des Schleifvorganges, Dissertation RWTH Aachen, 1969

[KIM98] Kim, J.; Choi, I., Characteristics of chip generation by ultrasonic vibration cutting with extremely low cutting velocity, International Journal of advanced manufacturing technology, Jg., 1998, 14

[KLOC08] Klocke, F., Fertigungsverfahren, Band 1: Drehen, Fräsen, Bohren, Springer Verlag, Berlin Heidelberg New York, 2008

[KOCH96] Koch, K.F., Technologie des Hochpräzisions-Hartdrehens, Dissertation RWTH Aachen, 1996

[KÖNI05] König, W.; Klocke, F., Fertigungsverfahren, Band 2: Schleifen, Honen, Läppen, Springer-Verlag, Berlin Heidelberg New York, 2005

[KOLA92] Kolaska, H., Pulvermetallurgie der Hartmetalle, Fachverband Pulvermetallurgie, Hagen, 1992

[KRAF10] Kraft, C. M.: Verschleiß und Materialeigenschaften von OXINIU – Meinem neuen Werkstoff in der Knieendoprothetik, 2010

[KRÜS08] N.N., KRÜSS GmbH. Technical Note. Messen mit Methode – aber mit welcher?. Hamburg, 2008 (4)

[KRÜSI17b] N.N., KRÜSS GmbH: Fortschreitwinkel. URL: https://www.kruss.de/de/service/schulung-theorie/glossar/fortschreitwinkel

[KRÜS18] N.N., Krüss GmbH, URL: https://www.kruss-cientific.com/fileadmin/user_upload/website/brochures/kruss-bro-dsa100-de.pdf

[KURI04] Kuriyama, K.; Fukuta, M.; Yamane, Y., Deterministic ultra-precision cutting of cemented carbide for aspheric mold, Dept. of mechanical Engineering, Hiroshima University Japan, 2004

[LIAO12] Liao, Y.; Liao, L., Ultra-precision turning of tungste carbides under various cutting environments, 2012

[LICH94] Lichtmann, W. I.; Rehbinder, P. A.; Karpenko, G. W.: Der Einfluss grenzflächenaktiver Stoffe auf die Deformation von Metallen. Berlin: Akademie-Verlag, 1964

[LINK08] Linke, B., Tribosystem Abrichten. Diamant und Schleifscheibe, Diamond Business. 25., Jg., 2008, Nr. 2, S. 50-61

[LIUK04] Liu, K.; Li, X.P.; Rahman, M.; Liu, X.D., A study of the cutting modes in the grooving of tungsten carbide, International Journal of Advanced Manufacturing Technology. Vol. 24, 2004, S. 321-326

[LIUK06] Liu, K.; Li, X.P.; Rahman, M., Characteristics of ultrasonic vibration-assisted ductile mode cutting of tungsten carbide, International Journal of Advanced Manufacturing Technology. Vol. 35, 2006, S. 833-841

[LIUK07] Liu, K.; Li, X.P.; Liang, S.Y.: The mechanism of ductile chip formation in cutting of brittle materials, International Journal of Advanced Manufacturing Technology. Vol. 33, 2007, S. 875-884

[MACH83] Macherauch E., Hauk V., Deutsche Gesellschaft für Metallkunde Eigenspannungen: Entstehung, Messung, Bewertung, Deutscher Verband für Materialprüfung, 1983

[MALK11] Malkin, A. I.: Regularities and mechanisms of the Rehbinder's ef-fect. In: Colloid Journal, 74. Jg., 2012, Nr. 2, S. 223-238

[MAßM10] Maßmann, T.: Mögliche Additivmechanismen auf unbeschichteten und beschichteten Metalloberflächen. In: Schulz, J.; Holweger, W. (Hrsg.): Wechselwirkung von Additiven mit Metalloberflächen. Renningen: expert-Verl., 2010, S. 76-101

[MEIC16] Meichsner, G.; Mezger, T.; Schröder, J.: Lackeigenschaften messen und steuern. Hannover: Vincentz Network, 2016 – ISBN: 9783866306349.

[MOLL] Mollet, H.; Grubenmann, A.: Formulierungstechnik. Emulsionen, Suspensionen, feste Formen. Weinheim: Wiley-VCH, 1999

[MÖLL02] Möller, W.J.; Nassar, J., Schmierstoffe im Betrieb, Berlin: Springer, 2002

[MOOR18] N.N.: Moore Nanotechnoloy Systems, LLC. URL: http://www.nanotechsys.com/images/PDFs/350FG%20Brochure.pdf

[MOHR06] Mohr, O., Abhandlung aus dem Gebiete der technischen mechanic, Berlin, Verlag von Wilhelm & Ernst Sohn, 1906

[MORI92] Moriwaki, T.; Shamoto, B.; Iinque, K., Ultraprecision ductile cutting of glass by applying ultrasonic vibration, Annals of the CRIP. Vol. 41/1, Jg., 1992, S.141-144

[MÜLL00] Müller, J., Arbeits- und umweltverträgliche wassermischbare Kühlschmierstoffe – ein Beitrag zur Ökologie und Ökonomie, In: Bartz, W.J. (Hrsg.): Kühlschmierstoffe und Zerspanung. (Reihe: Kontakt und Studium, Bd. 555). Renningen: expert, 2000

[MURA01] Murakawa, M.; Jin, M., Development of a practical ultrasonic vibration cutting tool system, Journal of materials processing technology, Jg., 2001, 113, S. 342-347

[NAIL07] Nailer, S.; Gallagher, J.; Leahy W., Die Eigenschaften natürlicher und synthetischer Diamantschleifkörner, In: IDR. 41. Jg., 2007, Nr. 4

[PATZ05] Patz, M., Herstellung mikrotechnischer Bauteile durch spanende Fertigungsverfahren, Tagungsband Europäische Forschungsgesellschaft. Chemnitz, 25. Oktober 2005, S. 1-9

[PEN14a] Peng, J., Influence of cutting compound on critical depth of cut of glass BK7, Key Engineering Materials, Vol. 579-580, 2014, S. 97-100

[PEN14b] Peng, J., Research on machinibility of SF6 in diamond cutting with cutting fluid, Materials Science Forum, Vol. 770, 2014, S. 234-238

[PFEI96] Pfeiffer, W.; Breuer, D.; Blome, H.; Deiniger, C.; Hahn, J.U.; Kleine, H.; Nies, E.; Pflaumbaum, W.; Stockmann, R. Willert, G., BIA-Report 7/96 Kühlschmierstoffe, 2. Auflage Sankt-Augustin: HVBG, 1996

[PCG16] PCG precision carbide germany. Hartmetalle für Präzisionswerkzeuge

[POVH14] Povh, B.; Soergel, E.: Anschauliche Physik. Für Naturwissenschaftler. 2., überarb. und erg. Aufl. Berlin: Springer Spektrum, 2014 - ISBN: 9783642544958

[RAHE99] Rahe, W., Kühlschmierstoffe bei der Spanenden Bearbeitung. In: Tornau, D. (Hrsg.): Kühlschmierstoffe und Anlagen. (Reihe: Kontakt und Studium, Bd. 579). 1. Aufl. Rennigen-Malmsheim: expert, 1999, S. 1-25

[REHB12] Rehbein, W.: Cobaltaufnahme in nichtwassermischbaren Kühlschmierstoffen. URL:http://www.oelheld.de/innovation/wissenschaftlicheberichte/cobaltaufnahme-in-nichtwassermischbaren-kuehlschmier-stoffen.html [Stand: 19.01.2017]

[RUEB01] Rübenach, O., Schwingungsunterstützte Ultrapräzisionsbearbeitung optischer Gläser mit monokristallinen Diamantwerkzeugen, Dissertation RWTH Aachen, 2001

[RUGE07] Ruge, J., Wohlfart H.,T echnologie der Werkstoffe: Herstellung, Verarbeitung, Einsatz, Springer Science & Business Media, 2007

[SCAT93] Scattergood R.O., Cutting mechanics for ductile-regime machining, Proceedings of principles of cutting mechanics, ASPE Spring Topical Meeting, pages 17-20, Tuscon, Arizone, 1993

[SCHA02] Schäfle, C.; Morphologie, Verdampfung und Kondensation von Flüssigkeiten auf benetzungsstrukturierten Oberflächen, Dissertation, Universität Konstanz, 2002

[SCHE88] Schedler, W., Hartmetall für den Praktiker: Aufbau, Herstellung, Eigenschaften u. industrielle Anwendung einer modernen Werkstoffgruppe, Hrsg.: Plansee TIZIT GmbH – Düsseldorf, VDI-Verlag 1988

[SCHO18] N.N., Schott AG, URL: https://www.schott.com/d/advanced_optics/47d79895-2965-472d-83ed-af9e48ac72c0/1.1/schott-optisches-glas-datenblatt-sammlung-german-17012017.pdf

[SCHU10] Schulz, J.: Rehbinder Effekt. In: Schulz, J.; Holweger, W. (Hrsg.): Wechselwirkung von Additiven mit Metalloberflächen. Renningen: expert-Verl., 2010

[SHCH06] Shchukin, E. D.: The influence of surface-active media on the mechanical properties of materials. In: Advances in colloid and interface science, 123-126. Jg., 2006, S. 33-47.

[SEEG13] Seeger, J.: Entwicklung protonenleitender Werkstoffe und Membranen auf Basis von Lanthan-Wolframat für die Wasserstoffabtrennung aus Gasgemischen. (Reihe: Schriften des Forschungszentrums Jülich Reihe Energie & Umwelt, 188). Jülich: Forschungszentrum Jülich, 2013

[SEIT13] Seith, W., Band 3 von Reine und angewandte Metallkunde in Einzeldarstellungen: Diffusion in Metallen: Platzwechselreaktionen, Springer-Verlag, 2013

[SIEG00] Siegert, W.; Diehl, K.-H.: Konservierungsmittel für Kühlschmierstoffe. In: Bartz, W.J. (Hrsg.): Kühlschmierstoffe und Zerspanung. (Reihe: Kontakt und Studium, Bd. 555). 1. Aufl. Renningen: expert, 2000, S. 426-460

[TANI96] Taniguchi, N., Nanotechnology. Integrated processing systems for ultraprecision and ultrafine products, USA: Oxford University Press, New York, 1996, S. 1-7

[TOEN04] Tönshoff, H.K., Denkena, B., Spanen, Grundlagen, 2. Erweiterte und neu bearbeitete Auflage, Institut für Fertigungstechnik und Werkzeugmaschinen, Universität Hannover, 2004

[VDI07] VDI Richtlinie 3397: Kühlschmierstoffe für spanende und umformende Fertigungsverfahren, VDI-Fachbereich Produktionstechnik und Fertigungsverfahren, Blatt 1, 2007

[VOLO13] Voloshin, A.V. ; Dolzhenkova, E.F.; Litvinox, L.A.; Petukhow, A.A.; Slyunin, E.V., The influence of coolant pH on efficiency on machining Sapphire, Journal on superhard materials, Vol. 35, S. 126-130, 2013

[WELS13] Welsch, N.; Schwab, J.; Liebmann, C. C.: Materie. Erde, Wasser, Luft und Feuer. Dordrecht: Springer, 2013, ISBN: 9783827418883

[WEND02] Wenda, A., Schleifen von Mikrostrukturen in sprödharten Werkstoffen, Dissertation der Technischen Universität Braunschweig, Vulkan-Verlag, 2002

[WILK80] Wilks, J., Performance of diamonds as cutting tools for precision machining, Precision Engineering. Vol. 2, Jg., 1980, S. 57-72

[WIRT18] Wirtz, C., Zerspanverhalten von WC-Co Hartmetallen, Dissertation, RWTH Aachen, 2018

[WITT10] Wittmann, F.H., Sun, S., Zhao, T., Surface energy and fracture energy, Fracture Mechanics of Concrete and Concrete Structure, 2010

[YAN03] Yan, J., Syoji, K. Tamaki, J., Some observations on the wear of diamond tools in ultra-precision cutting of single-crystal silicon, Wear, Volume 255, 2003, S. 1380–1387

[ZEIS18] N.N., Carl Zeiss AG ,Url: https://www.zeiss.de/messtechnik/home.html

[ZHAN17] Zhang, X.; Huang, R.; Liu, K.; Kumar, A.; Deng, H., Suppression of diamond tool wear in machining of tungsten carbide by combining ultra sonic vibration and electrochemical processing, Ceramics International, 2017

[ZUMG88] Zum Hagr, K.H., Modelling of two-body abrasive wear Origical Research Article, Wear, Volume 124, Issue 1, 16 May 1988, Page 87-103

10 Anhang

Appendix

10.1 Anhang für Kapitel 5.2

Appendix for chapter 5.2

Tabelle 10-1: Messergebnisse der Kontaktwinkelmessungen in den Kapillaren

Measurement resutls of the contact angle inside the capillary tube

Fluid	y_2 [mm]	r_2 [mm]	θ [°]
Wassre pH 4	0,13	1,55	80,41
Wasser pH 10	0,12	1,55	81,15
EcoCool S-CO5	0,12	1,55	81,15
Glycerin	0,07	1,55	84,83
n-Dodecan	0,08	1,55	84,09
Polyethylenglycol	0,10	1,55	82,62
Rizinusöl	0,16	1,55	78,21
Isoparaffin	0,08	1,55	84,09

Tabelle 10-2: Messergebnisse der kapillaren Steighöhen der Fluide

Results of the measurement of climbing height of the fluides inside the capillary tubes

Fluid	Δh_1 [mm]]	Δh_2 [mm]]	Δh_3 [mm]]	Δh_m [mm]]
Wasser pH 7	12,27	12,60	12,04	12,30
Wassre pH 4	9,13	9,10	9,00	9,08
Wasser pH 10	5,69	8,50	8,45	8,55
EcoCool S-CO5	4,18	4,37	3,96	4,17
Glycerin	4,47	4,09	3,91	4,16
n-Dodecan	3,26	3,03	3,03	3,12
Polyethylenglycol	4,42	4,59	4,55	4,52
Rizinusöl	7,11	7,52	8,46	7,70
Isoparaffin	3,57	3,34	3,04	3,32

10.2 Anhang für Kapitel 6.3

Appendix for chapter 6.3

Tabelle 10-3: Ergebnisse der Messungen der Rauheit in Abhängigkeit von der Schnitttiefe bei der Variation der Ultraschallunterstützung

Measurement results of the surface roughness depending on the cutting depth while variation of the pH-value of the ultra sonic assistance

Ultraschall	hcu [µm]	Ra [nm]	Konstante Parameter
An	0,15	2,31	Spanwinkel γ = -20°
	0,321	2,71	
	0,455	2,15	Schneideckenradius r_ε = 0,5 mm
	0,592	4,12	
aus	0,173	3,26	Schnittgeschwindigkeit v_c = 500 mm/min
	0,361	4,54	
	0,541	7,83	
	0,721	4,67	Kühlschmierstoff: pH 7-Pufferlösung

Tabelle 10-4: Ergebnisse der Messungen der Rauheit in Abhängigkeit von der Schnitttiefe bei der Variation des pH-Wertes der Pufferlösung

Measurement results of the surface roughness depending on the cutting depth while variation of the pH-value of the puffer solution

pH-Wert der Pufferlösung	hcu [µm]	Ra [nm]	Konstante Parameter
1	0,189	4,92	Spanwinkel γ = -20°
	0,394	4,44	
	0,561	7,95	
	0,683	9,18	
4	0,154	2,68	Schneideckenradius r_ε = 0,5 mm
	0,39	6,03	
	0,63	6,4	
	0,735	6,71	
7	0,129	3,07	Schnittgeschwindigkeit v_c = 500 mm/min
	0,285	4,4	
	0,46	6,14	
	0,86	8,85	
10	0,205	4,32	Kein Ultraschall
	0,381	6,09	
	0,58	6,79	
	0,77	13,1	
12	0,232	2,7	
	0,354	4,4	
	0,534	7,01	
	0,691	5,34	

Tabelle 10-5: Ergebnisse der Messungen der Rauheit in Abhängigkeit von der Schnitttiefe bei der Variation des Spanwinkels

Measurement results of the surface roughness depending on the cutting depth while variation of the pH-value of the rank angle

Spanwinkel	hcu [µm]	Ra [nm]	Konstante Parameter
-10°	0,14	2,67	Schneideckenradius r_ε = 0,5 mm
	0,24	2,99	
	0,41	5,04	
	0,54	6,38	
-20°	0,27	3,14	Schnittgeschwindigkeit v_c = 500 mm/min
	0,38	3,55	
	0,53	4,99	Kein Ultraschall
	0,69	9,07	
-30°	0,08	3,80	Kühlschmierstoff: pH 7-Pufferlösung
	0,21	4,54	
	0,31	6,82	
	0,50	7,74	

Tabelle 10-6: Ergebnisse der Messungen der Rauheit in Abhängigkeit von der Schnitttiefe bei der Variation des Kühlschmierstoffes

Measurement results of the surface roughness depending on the cutting depth while variation of the pH-value of the cutting fluid

Kühlschmierstoff	hcu [µm]	Ra [nm]	Konstante Parameter
EcoCool	0,112	0,83	Spanwinkel γ = -20° Schneideckenradius r_ε = 0,5 mm Schnittgeschwindigkeit v_c = 500 mm/min Kein Ultraschall
	0,205	0,94	
	0,625	2,47	
	0,887	3,75	
Glycerin	0,399	1,58	
	0,598	1,43	
	0,735	1,83	
	0,869	2,02	
Rizinusöl	0,491	1,8	
	0,633	3,36	
	0,73	2,97	
	0,838	3,27	
n-Dodecan	0,242	2,93	
	0,411	4,91	
	0,591	5,72	
	0,756	3,5	
Polyethylenglycol 400	0,259	3,51	
	0,47	4,88	
	0,598	6,45	
	0,902	6,38	

Tabelle 10-7: Ergebnisse der Messungen der Rauheit in Abhängigkeit von der Schnitttiefe bei der Variation des Schneideckenradius des Werkzeugs

Measurement results of the surface roughness depending on the cutting depth while variation of the pH-value of the tool radius

Schneideckenradius	hcu [µm]	Ra [nm]	Konstante Parameter
0,1 mm	0,293	5,88	Spanwinkel γ = -20°
	0,476	7,28	
	0,677	9,41	
	0,877	20,37	
0,2 mm	0,513	5,02	Schnittgeschwindigkeit v_c = 500 mm/min
	0,657	7,74	
	0,890	9,54	
	1,039	17,23	
0,3 mm	0,437	2,91	Kein Ultraschall
	0,695	4,45	
	1,044	6,10	
	1,383	13,13	
0,5 mm	0,129	3,07	Kühlschmierstoff: pH 7-Pufferlösung
	0,285	4,40	
	0,460	6,14	
	0,767	8,24	

Tabelle 10-8: Ergebnisse der Messungen der Rauheit in Abhängigkeit von der Schnitttiefe bei der Variation der Schnittgeschwindigkeit

Measurement results of the surface roughness depending on the cutting depth while variation of the pH-value of the cutting velocity

Schnitt-geschwindigkeit	hcu [µm]	Ra [nm]	Konstante Parameter
300 mm/min	0,168	1,69	
	0,259	2,17	Spanwinkel γ = -20°
	0,380	2,81	
	0,670	3,51	
500 mm/min	0,180	1,80	Schneideckenradius r_ε = 0,5 mm
	0,213	2,25	
	0,690	3,21	
	0,81	3,90	Kein Ultraschall
700 mm/min	0,140	1,50	
	0,35	2,60	Kühlschmierstoff: pH 7-Pufferlösung
	0,56	3,21	
	0,713	3,81	

10.3 Liste der betreuten und verwendeten Arbeiten

List of supervised and used student theses

Ostojic, S.: Untersuchung zur Benetzbarkeit von verschiedenen Kühlschmierstoffen und Additiven. Bachelorarbeit, 2016.

Mikolajczyk, P.: Untersuchungen zum Zerspanmechanismus bei der UP-Bearbeitung von Hartmetall. Bachelorarbeit, 2018.

10.4 Liste der Veröffentlichungen

List of publications

Die Ergebnisse dieser Arbeit wurden zum Teil auf Konferenzen und in anderen Publikationen veröffentlicht.

Promotionsrelevante Veröffentlichungen mit Index:

Fähnle, O.; Doetz, M.; Dambon, O.
Analysis of critical process parameters of ductile mode grinding of brittle materials
in: Advanced Optical Technologies, Band 6, Heft 5, 2017, Seiten 349–358, ISSN 2192-8576, CiteScore 2017: 1.31

Promotionsrelevante Veröffentlichungen ohne Index:

Doetz, M.; Dambon, O.; Klocke, F.; Fähnle, O.
Influence of coolant on ductile mode processing of binderless nanocrystalline tungsten carbide through ultraprecision diamond turning
in: Proceedings Volume 9575, Optical Manufacturing and Testing XI
Event: SPIE Optical Engineering + Applications, 2015, San Diego, California, United States

Doetz, M.; Dambon, O.; Klocke, F.; Fähnle, O.
Chemical influence of different pH-values on ductile mode processing through ultra-precision diamond turning
in: Proceedings Volume 10009, Third European Seminar on Precision Optics Manufacturing
Event: Third European Seminar on Precision Optics Manufacturing, 2016, Teisnach, Germany

Fähnle, O.; Doetz, M.; Dambon, O.
Optimizing ductile mode grinding in terms of generated level of surface roughness
Event: EOS Conferences at the World of Photonics Congress (WPC2017)

Doetz, M.; Dambon, O.; Fähnle, O.; Klocke, F.
Influence of different coolants on ductile mode processing through ultra-sonic assisted diamond turning of tungsten carbide
Event: EOS Conferences at the World of Photonics Congress (WPC2017)

Fähnle, O.; Meeder, M.; Doetz, M.
Duktile Glasbearbeitung
in: Jahrbuch für Optik und Feinmechanik, 63. Jahrgang, OPTIK - Verlag, 2017

Doetz, M.; Dambon, O.; Klocke, F.; Lee, J.; Fähnle, O.; Langenbach, E.
Increasing critical depth of cut in ductile mode machining of tungsten carbide by process parameter controlling
in: Proceedings Volume 10829, Fifth European Seminar on Precision Optics Manufacturing
Event: Fifth European Seminar on Precision Optics Manufacturing, 2018, Teisnach, Germany

Vogt, C.; Fähnle, O.; Doetz, M.
SPDT and standard cnc-grinding of tungsten carbide molds for precision glass molding: an experimental process analyses
in: Proceedings Volume 10829, Fifth European Seminar on Precision Optics Manufacturing
Event: Fifth European Seminar on Precision Optics Manufacturing, 2018, Teisnach, Germany

Fähnle, O.; Doetz, M.; Dambon, O.; Langenbach, E.
Three wagons method to analyze ductile mode grinding processes
in: Proceedings Volume 10692, Optical Fabrication, Testing, and Metrology VI;
Event: SPIE Optical Systems Design, 2018, Frankfurt, Germany

Vogt, C.; Doetz, M.; Dambon, O.; Klocke, F.; Fähnle, O.; Rascher, R.
Ductile grinding of tungsten carbide applying standard CNC machines: a process analysis
in: Proceedings Volume 10692, Optical Fabrication, Testing, and Metrology VI;
Event: SPIE Optical Systems Design, 2018, Frankfurt, Germany

Doetz, M.; Dambon, O.; Klocke, F.; Fähnle, O.; Langenbach, E.
Process control in ductile mode machining of tungsten carbide
in: Proceedings Volume 10692, Optical Fabrication, Testing, and Metrology VI;
Event: SPIE Optical Systems Design, 2018, Frankfurt, Germany

Doetz, M.; Dambon, O.; Klocke, F.; Fähnle, O.; Vogt, C.; Rascher, R.
Ductile mode single point diamond turning (SPDT) of binderless tungsten carbide molds
in: Proceedings Volume 10742, Optical Manufacturing and Testing XII;
Event: SPIE Optical Engineering + Applications, 2018, San Diego, United States

Doetz, M.; Dambon, O.; Klocke, F.; Lee, J.; Fähnle, O.; Langenbach, E.
Process window analysis of ductile mode machining of binderless tungsten carbide molds
in: Proceedings Volume 10742, Optical Manufacturing and Testing XII;
Event: SPIE Optical Engineering + Applications, 2018, San Diego, United States

Vogt, C.; Doetz, M.; Dambon, O.; Klocke, F.; Fähnle, O.; Rascher, R.
Ductile grinding of tungsten carbide molds applying standard CNC machines
in: Proceedings Volume 10742, Optical Manufacturing and Testing XII;
Event: SPIE Optical Engineering + Applications, 2018, San Diego, United States

Doetz, M.; Dambon, O.; Klocke, F.; Fähnle, O.; Langenbach, E.
Three wagons method applied: optimization of level of surface roughness within ductile mode grinding of tungsten carbide molds
in: Proceedings Volume 10742, Optical Manufacturing and Testing XII;
Event: SPIE Optical Engineering + Applications, 2018, San Diego, United States

In der Reihe **Ergebnisse aus der Produktionstechnik** zuletzt erschienen:

Isenberg, Christopher:
Auf spektraler Kodierung basierendes, ortsauflösendes Messverfahren - λ-GPS
ISBN: 978-3-86359-749-8
Erscheinungsdatum: 16.08.2019

Ohlenforst, Markus:
Model-Based Thermoelastic State Evaluation of Large Workpieces for Geometric Inspection
ISBN: 978-3-86359-752-8
Erscheinungsdatum: 05.08.2019

du Bois-Reymond, Frédéric:
Untersuchungen zu den Auswirkungen der Strahlausbreitung durch die Integration leistungsstarker Laserbearbeitungseinheiten in Werkzeugmaschinen
ISBN: 978-3-86359-738-2
Erscheinungsdatum: 05.08.2019

Kreimeier, Matthias:
Gestaltung des Technologieeinkaufs für Start-ups und mittelständische Unternehmen
ISBN: 978-3-86359-740-5
Erscheinungsdatum: 18.07.2019

Weiler, Thomas:
Thermal Skin Effect in Laser-Assisted Tape Placement of Thermoplastic Composites
ISBN: 978-3-86359-739-9
Erscheinungsdatum: 10.07.2019

Doetz, Marius:
Ultrapräzisionszerspanung von Hartmetall mit monokristallinen Diamantwerkzeugen
ISBN: 978-3-86359-733-7
Erscheinungsdatum: 10.07.2019

Wagner, Johannes:
Wirtschaftliche Störungsprävention in der Kleinserienmontage
ISBN: 978-3-86359-751-1
Erscheinungsdatum: 09.08.2019

Harst, Simon:
Entwicklung einer Prozesssignatur für die elektrochemische Metallbearbeitung
ISBN: 978-3-86359-750-4
Erscheinungsdatum: 05.08.2019

Basse, Felix:
Gestaltung eines adaptiven Änderungssystems für einen beherrschten Serienhochlauf
ISBN: 978-3-86359-735-1
Erscheinungsdatum: 18.07.2019

Exner, Robin:
Ein quantitatives Modell zur Unterstützung des Fehlermanagements in der manuellen Montage
ISBN: 978-3-86359-730-6
Erscheinungsdatum: 11.07.2019

Hieber, Solveigh:
Systematische Beherrschung von Zielkonflikten in Innovationsprojekten
ISBN: 978-3-86359-723-8
Erscheinungsdatum: 10.07.2019

Frech, Tim:
Modellierung der Walzkraft beim Dichtwalzen pulvermetallurgisch hergestellter Zahnräder
ISBN: 978-3-86359-736-8
Erscheinungsdatum: 24.06.2019

Barth, Sebastian:

Einfluss der Topographie kunstharzgebundener CBN-Schleifscheiben auf das thermo-mechanische Belastungskollektiv beim Schleifen

ISBN: 978-3-86359-710-8
Erscheinungsdatum: 13.05.2019

Molitor, Marco:

Generative Montageablaufplanung in der hochiterativen Produktentwicklung

ISBN: 978-3-86359-719-1
Erscheinungsdatum: 06.05.2019

Bertelsmeier, Felix:

Einsatz eines Cyber-Physischen Produktionssystems zur flexiblen Positionierung und Ausrichtung von dünnwandigen Großbauteilen

ISBN: 978-3-86359-709-2
Erscheinungsdatum: 08.04.2019

Walendzik, Pia:

Adaptive Gestaltung der Organisation von produzierenden Start-ups

ISBN: 978-3-86359-696-5
Erscheinungsdatum: 15.03.2019

Fels, Antonia:

Development of an Algorithm for the Taktline Layout of Synchronized Job Shop Production

ISBN: 978-3-86359-698-9
Erscheinungsdatum: 11.03.2019

Reschke, Rebecca:

Gestaltungsmodell der Kennzahlen und Indikatoren bei der Einführung und Weiterentwicklung von Qualitätsmanagementsystemen für deutsche Hochschulen

ISBN: 978-3-86359-707-8
Erscheinungsdatum: 10.05.2019

Klingbeil, Nils:

Untersuchung des Drahtsystems zur Prozessstabilisierung für das drahtbasierte Laserauftragschweißen in der additiven Fertigung

ISBN: 978-3-86359-706-1
Erscheinungsdatum: 08.04.2019

Janssen, Andreas:

Wirksamkeit tribologischer Mikrostrukturen bei extremen Einsatzbedingungen und Ableitung eines Fertigungsmodells für das UKP-Laserabtragen

ISBN: 978-3-86359-704-7
Erscheinungsdatum: 29.03.2019

Ryschka, Simon:

Strategien für Technologieplattformen in diversifizierten Unternehmen

ISBN: 978-3-86359-699-6
Erscheinungsdatum: 15.03.2019

Greschert, René:

Ausbildung tragfähigkeitssteigernder Grenzschichten in der Zahnradfertigung

ISBN: 978-3-86359-700-9
Erscheinungsdatum: 08.03.2019

Edition Wissenschaft
Apprimus

Kolibri 360 GmbH
Ferdinand-Jühlke-Straße 7
99095 Erfurt, Deutschland
produktsicherheit@kolibri360.de